中等职业教育国家规划教材

全国中等职业教育教材审定委员会审定

地质实习指导书

（国土资源调查专业）

主　编　王昭雁

责任主审　毕孔彰

审　稿　许绍倬　区永和

中国建筑工业出版社

图书在版编目（CIP）数据

地质实习指导书/王昭雁主编. —北京：中国建筑
工业出版社，2002
中等职业教育国家规划教材. 国土资源调查专业
ISBN 978-7-112-05436-7

Ⅰ.地… Ⅱ.王… Ⅲ.国土资源-资源调查-野外
制图-专业学校-教学参考资料 Ⅳ.P217

中国版本图书馆 CIP 数据核字（2002）第 092031 号

本书是教育部面向 21 世纪中等职业教育国家规划教材。共有五章和
附录，主要内容为野外地质填图各阶段工作的内容、原则和方法；附录收
编了常用的地质图例、符号、代号及有关图表。本书取材广泛、内容丰
富，并吸取了当前生产单位使用的新理论、新方法、新经验，因而适应性
广，实用性强。

本书适用于全日制中等职业技术学校（中等专业学校）国土资源调查
专业及其相关专业，也可供野外地质调查人员参考。

中等职业教育国家规划教材
全国中等职业教育教材审定委员会审定

地质实习指导书

（国土资源调查专业）

主　编　王昭雁
责任主审　毕孔彰
审　稿　许绍倬　区永和

*

中国建筑工业出版社出版、发行（北京西郊百万庄）
各地新华书店、建筑书店经销
北京市书林印刷有限公司印刷

*

开本：787×1092 毫米　1/16　印张：7　字数：166 千字
2003 年 1 月第一版　2008 年 7 月第三次印刷
印数：3001—4500 册　　定价：11.00 元
ISBN 978-7-112-05436-7
（17182）

中等职业教育国家规划教材出版说明

  为了贯彻《中共中央国务院关于深化教育改革全面推进素质教育的决定》精神，落实《面向21世纪教育振兴行动计划》中提出的职业教育课程改革和教材建设规划，根据教育部关于《中等职业教育国家规划教材申报、立项及管理意见》（教职成〔2001〕1号）的精神，我们组织力量对实现中等职业教育培养目标和保证基本教学规格起保障作用的德育课程、文化基础课程、专业技术基础课程和80个重点建设专业主干课程的教材进行了规划和编写，从2001年秋季开学起，国家规划教材将陆续提供给各类中等职业学校选用。

  国家规划教材是根据教育部最新颁布的德育课程、文化基础课程、专业技术基础课程和80个重点建设专业主干课程的教学大纲（课程教学基本要求）编写，并经全国中等职业教育教材审定委员会审定。新教材全面贯彻素质教育思想，从社会发展对高素质劳动者和中初级专门人才需要的实际出发，注重对学生的创新精神和实践能力的培养。新教材在理论体系、组织结构和阐述方法等方面均作了一些新的尝试。新教材实行一纲多本，努力为教材选用提供比较和选择，满足不同学制、不同专业和不同办学条件的教学需要。

  希望各地、各部门积极推广和选用国家规划教材，并在使用过程中，注意总结经验，及时提出修改意见和建议，使之不断完善和提高。

教育部职业教育与成人教育司

2002年10月

前　言

　　本书是根据教育部职教司组织制定的中等职业学校三年制国土资源调查专业《地质实习》课程教学大纲的基本精神编写的。野外地质实习是培养中等国土资源职业技术人才实际工作技能的重要教学环节。鉴于该专业在这个环节上还缺乏统一的教材，因而编写此书，作为其通用教材。同时，也适用于与之相关的其他中等职业技术专业人员在地质实习和生产实践中参考和使用。

　　该专业地质实习的主要内容是模拟1:50000地质填图工作。本书的内容主要包括两大部分。第一部分分别介绍了沉积岩区、花岗岩区和变质岩区野外地质填图各阶段的工作内容、工作原则和工作方法。其中结合了编者多年的野外地质实习教学和生产实践中积累的一些经验和适当地吸取了目前生产单位在野外地质填图中使用的新理论、新方法、新经验。第二部分为附录，编入了常用的地质符号、图例，常见的岩石的野外肉眼鉴定表及其他一些有关图表。

　　本书各章节编写的具体分工为：第二、三章的第一节和附录，王昭雁（江西应用技术职业学院）；第一章及第二、三、四章的第三节及第五章的第三、四、五节，周仁元（江西应用技术职业学院）；第二、三、四、五章的第二节，彭真万（江西应用技术职业学院）；第四章第一节、第五章前言、第一、六、七节，陈洪冶（江西应用技术职业学院）。最后由王昭雁负责统编。全书由国土资源部咨询研究中心毕孔彰教授、中国地质大学许绍倬教授和区永和教授主审。

　　在编写过程中，得到国土资源部人力中心和江西应用技术职业学院领导的大力支持帮助，许多同行提出了宝贵的意见建议，在此一并表示衷心的感谢。由于编者的业务水平有限，时间仓促，书中不足和谬误之处谨请各兄弟学校、使用本教材的单位及读者多加批评指正。

编者

目　录

绪　言

　　地质实习是国土资源调查专业教学中的一个重要环节，是集中的实践教学。其教学目标是：通过模拟 1∶50000 野外地质填图，使学生初步了解野外地质填图工作的要求、步骤、内容和方法；在实习中引导学生理论联系实际，加深对所学课堂知识的理解；初步掌握野外地质调查的基本方法；掌握地质罗盘的使用方法，学会使用手持 GPS 机进行定点、定位；初步学会观察描述一些常见的地质现象并能简单分析有关地质作用；能对实习区的主要岩石类型进行初步的肉眼鉴定；要一般了解实习区常见的古生物、地层、构造的特征；具有测制地质剖面，进行野外地质填图和资料整理、成图、编写地质报告书的能力。

　　为适应上述要求，本书的主要内容是根据野外地质填图的开展顺序来进行编排的，共有五章。第一章踏勘工作；第二章实测地质剖面；第三章野外地质填图；第四章室内综合整理；第五章地质报告书的编写。各章都详尽地介绍了相应工作阶段的工作内容、方法。为适应处于不同地质条件区域的学校学生实习的要求，本书分别介绍了沉积岩区、岩浆岩区和变质岩区的实测地质剖面、野外地质填图和室内综合整理工作的有关内容，使本教材的适应范围广泛。此外，本书还增设了附录部分，收录了常见岩石野外肉眼鉴定表，地质符号、代号及有关图表，可供使用本教材者参考。

　　本实习的时间为五周（每周以 5 个工作日计），其中，野外踏勘阶段 1.3 周；实测剖面阶段 0.8 周；野外地质填图 1.4 周；室内综合整理和编写地质报告书 1 周；机动 0.5 周。

第一章 踏 勘 工 作

为了保证野外地质调查工作的顺利进行，在开展野外地质调查工作时，首先要尽全力全面收集工作区内前人已经取得的成果资料。包括已出版与未出版的地形图、各类遥感图片、不同比例尺的地质图、矿产图、地质报告、地质专题研究文献等，并对这些资料进行全面综合整理分析，提取有用信息。在踏勘过程中要全面而概括地了解工作区地层层序、构造轮廓、岩浆活动、变质作用、矿产、地貌、水文以及自然经济地理、交通等情况。同时，要检查相关地质资料的可靠程度和选择实测剖面位置。为此后编定工作区设计书、拟编地质草图奠定基础。

第一节 资料的搜集与分析

一、资料的搜集

（一）地形图的选择和准备

野外地质调查所选用的地形图，其比例尺一般应比地质调查的实际比例尺大一倍或更多。我国西部还在开展的 1:200000 区域地质调查和东部地区重新开展的 1:500000 国土调查中，均用 1:50000 的航测地形图作底图。在 1:50000 区调工作中，使用 1:25000 的地形图作底图。

收集的地形图的数量，应根据野外区调人员分组情形以及编制各种成果图的需求量来确定，一般 20~25 份。所用的地形图须用夏布或马粪纸裱糊并压平、阴干。野外调查人员所用的地形图（手图）还需按一定规格裁开，蒙上透明纸，分块使用。这样野外携带既方便又可保证原始资料的整洁。在收集工作区1:25000 地形图时，同时还需收集工作区1:50000航测地形图 2~3 份，以及工作区周边邻幅 1:50000 航测地形图，每幅 1~2 份，以备图边接图使用。

（二）遥感图片资料的搜集和准备

遥感图片资料主要包括：全色黑白航片、彩色航片、红外航片、侧视雷达片、陆地卫星 MSS 片、TM 片、RBV 片、假彩色卫片图像等。

1. 各种航空像片的搜集和准备

（1）在进行野外工作之前，要全力收集各种比例尺的全色黑白航片、彩色航片、假彩色航片、红外航片、侧视雷达片等。符合工作比例尺要求的全色黑白航片像片 3~5 套（表1-1）。每套应同时附镶辑复照图及航空摄影技术鉴定书。若工作区有冰川、沙漠或大面积第四纪掩盖时，为了对其下伏基岩进行地质调查，应选用侧视雷达片；若工作区金属矿点较丰富时，应收集大比例尺彩色航片；水文地质调查时，应收集红外航片或远红外扫描图像。若工作区已有的航片比例尺过小，可向摄影部门申请，将像片放大到接近地质调查要求的比例尺。

野外地质调查比例尺	适用航片比例尺	适用地形图的比例尺
1:1000000～1:500000	1:70000～1:50000	1:200000～1:100000
1:200000～1:100000	1:60000～1:50000	1:100000～1:50000
1:50000～1:25000	1:40000～1:10000	1:25000～1:10000
1:10000～1:2000	1:10000～1:2000	1:10000～1:2000

（2）获得航片资料之后，应及时进行整理与编表。将同种比例尺的航片按航带装入袋内。在袋上注明图幅代号、航带号及像片编号等。为了使用便利，还应在每张航片背面左上角按下述格式编号：

$$\frac{G50\quad E01008}{6—18—3}$$

格式上部为图幅号，下部左边数字为航带号，中间数字为本航带像片总数，右边数字表示本航带从左到右的第几张航片。

（3）用航片做一幅工作区航片镶嵌像片略图。以使全区地质构造的连续性和构造格架一目了然。

（4）对每张航片上的主要地物进行标注。如村落名称、河流、湖泊及水库名称、山峰名称或高程等。为避免污损航片，要将标注写在附于航片上的透明纸上。

2．各种卫片图像的搜集与准备

（1）卫片主要搜集 TM 片和 MSS 片及假彩色卫片，一般比例尺为 1:1000000、1:500000。可以将 TM 片用不同波段的底片合成放大成 1:50000 彩色卫片。每种卫片的数量要 1～2 份。

（2）用 1:50000 的 TM 彩色卫片，作一幅工作区的镶嵌影像略图。

（三）地质矿产资料的搜集

工作区和邻区的地质矿产资料的搜集，应力求全面。对那些研究程度较高，资料比较丰富的地区，以搜集近期的资料为主。现将搜集地质矿产资料的主要内容归纳如下：

1．工作区的地质矿产资料

主要指工作区的各种地质调查、矿产普查和勘探资料、水文地质调查资料、各种相关的测试分析资料（如岩石薄片鉴定、同位素测年、硅酸盐分析、化学分析、稀土配分、人工重砂、孢粉分析、化石鉴定等）、各种相关的专题研究文献与科研论文，以及有关的图件、报告、手图、记录本和档案资料等。对邻区主要的矿产资料也应注意搜集。

2．工作区的自然、经济地理资料

主要搜集有关的水文、地理、地貌、森林、植被、土壤、气候、交通运输和地方志乃至游记等资料。因为这些资料对确定调查路线、选择交通工具、合理确定野外装备和工作期限等密切相关，对解决许多有关的地质问题也是必不可少的。

3．工作区群众找矿、报矿的资料

充分搜集群众找矿、报矿和矿产开采历史等资料。这些资料往往能提供找矿线索，对矿产评价也有一定的意义。

4．工作区的实物资料

包括前人在调查区和邻区采集的矿物、岩石、古生物化石等标本和岩石薄片以及钻孔的岩芯等实物资料。

5. 工作区的经济开发资料

工作区内工农业建设、工程建设等有关情况。对一些大厂矿的设备条件以及它们对地质工作提出的要求等，也要注意了解、收集。

（四）其他资料的收集

1. 工作区的化探与重砂测量成果资料

我国1:200000区域化探和重砂测量工作业已完成（有些地区甚至还开展了大比例尺的地面化探和重砂测量调查），取得了丰硕的成果。目前我国正开展的1:50000区域地质调查工作，一般都选择在成矿较为有利的地区进行。那么，这些化探、重砂测量的成果资料，能有效地指导我们编写1:50000区域地质调查设计和全面开展地质调查工作。

2. 工作区的物探成果资料

地球物理探矿包括地面物探和航空物探，所取得的丰富资料对探索、解释、了解地下构造形态，地下矿体的埋藏状况、认识海底构造，板块运动模式、地球层圈性质等重大地质问题都有着深远的现实意义。

（1）地面物探成果资料

地面物探主要方法有：磁法、电法、地震法、重力法等。当工作区为沙漠区或大面积第四纪覆盖时，收集地面物探成果图及资料尤为重要。在1:50000区域地质调查中，磁法勘探主要用于划分大地构造单元，圈定岩体和断裂，提供进一步普查找矿的远景区。

（2）航空物探成果资料

航空物探资料有许多种，在我国开展较早较广泛。效果较好的是航空磁测，其次是航空放射性测量和航空重力测量等。全国和区域性资料成果很丰富，野外工作之前，要收集航磁异常地质解释图与报告书。以备地质调查工作中参考和验证。

二、资料的分析

（一）遥感图片的初步解译

1. 遥感图片的解译前景

遥感图片上的信息量极为丰富，在实施第二代1:50000区调中得到广泛应用。遥感图片的解译已成为实现地质调查现代化的一个重要方向，而且有着广阔的发展前景。

2. 遥感图片的初步解译

（1）前期准备

在详细研究、分析已收集来的各种资料以及野外踏勘过程中获得的解译标志认识的基础上，在已准备好的镶嵌像片略图上蒙上透明纸或透明薄膜，充分利用其他遥感图片（如TM片、彩色航片等）和地形图上提供的地理信息。先在透明纸或透明薄膜上标示出主要地物、村落名称和地理坐标（在边框上），并准备好立体镜、手柄放大镜、特种铅笔、彩色铅笔、直尺等绘图工具。

（2）遥感图片的初步解译

遥感图片解译时，先要在立体镜下对镶嵌像片略图作反复的、系统的立体观测，建立连续的区域地质轮廓概念。

遥感图片的初步解译原则是：先易后难；先简后繁；先构造后岩性；先整体后局部。所谓先易后难是指：先从地质体影像反映最为清晰或前人研究程度高的地区开始，由已知到未知，逐步推广到全区；所谓先简后繁是指：初步解译先控制构造格架（重点），然后反复认真地解译其细部的影像特征（一般）。此外，遥感图片的解译，要多种遥感图像相结合（卫片看宏观、航片察微观、彩片作甄别）。它们之间相互验证、相互补充。遵循上述解译原则时，千万不能忘记解译必须与野外踏勘（调绘）相结合的总原则。

遥感图片的初步解译顺序和具体解译内容如下：

1）解译第四系

首先，勾绘第四系松散沉积物与基岩的分界线。然后，利用遥感图片上的色调、色彩和地貌类型（阶地），初步划分第四系的成因类型。

2）解译断裂构造

主要是指线性构造、隐伏构造、环状构造和活动构造。该类构造在遥感图片解译中效果最佳，这是因为航、卫片具有一定的透视能力，加之背景宽广、醒目的缘故。

3）解译岩浆岩

利用遥感图片上的不同色彩、色调、特殊地形地貌以及特有的钳状或环状水系和无层理、一般呈浑圆状形态等特征来勾绘。解译与勾绘岩体界线，要特别注重利用 MSS 卫片和 TM 卫片上的影像特征。

4）解译地层岩性及褶皱

解译岩性一定要充分利用前人已有地质资料以及在踏勘过程中建立的地方性解译标志。

对沉积岩的解译要把握沉积岩具有成层性的特征，反映在遥感图片上，则为条带状的影像特征。

对变质岩的解译，总体难度大些。若工作区为成层有序的浅变质岩，解译方法与沉积岩类似。若工作区为中深成变质岩，则可按岩浆岩解译标志来解译。对变质岩的解译，用彩色航片和 TM 片上的影像可甄别蚀变岩类，效果较好。

对褶皱的解译，主要利用影像的对称性或完美的转折端来选定。

角度不整合界线，一般在遥感图片上表现得直观且清晰，解译勾绘的效果比实地勾绘还要好。

5）量测必要的产状要素

在遥感图片上要适当的利用三角面来量测地层、断层、接触面等产状，并目估转绘到解译图上。

6）在遥感图片全面解译的过程中，始终要注意踏勘路线和剖面测制的位置的选定。

（3）遥感地质解译图（草图）

在上述解译内容完成后，要对整个遥感地质解译草图的图面进行修饰。它包括图内、图外两部分内容：

1）图内：包括各种地质界线的着墨（如地质代号、构造符号、产状要素）、着色（在透明图反面）等工作。

2）图外：包括图名、比例尺、图例、图签、图框等内容。

（4）编写遥感图片地质解译小结或报告。

（5）将遥感地质解译草图上拟定的各地质体界线，转绘到各附于地形图（手图）之上的透明纸上，以备以后地质填图路线调查时参考和验证。

（二）地质矿产资料的分析

对搜集来的丰富的地质矿产资料，应及时整理、评价和综合分析，确定其利用价值。在评价和分析前人地质矿产资料时，要采用"一分为二"的观点。既不能盲目崇拜和迷信，也不能轻视或轻易的否定。要运用新观点、新理论，从中找出规律性的、有价值的东西和新的找矿线索。以便指导设计书的编写、地质草图的编制和今后的区调工作。

研究前人文献资料有两种方式：一是先阅读最新的或较权威性的总结性文献，可立即了解工作区的概况；二是按文献资料发表的时间先后或调查的先后次序来阅读和分析研究。阅读资料时不管采用哪一种方式，都应进行全面的整理、摘录、填写资料卡片和编制有关图件。为今后编写设计书、编制地质草图、拟编遥感地质解译图作好充分准备。

对前人地质矿产资料的审理、综合分析研究的具体步骤与内容如下：

1．对所收集的地质矿产资料进行细致全面的整理、分析、摘录和填写资料卡片。

2．研究工作区的地质调查史，着手编制工作区地质矿产研究程度图。

熟悉前人在工作区工作的性质，精度及成果资料，认真评价前人使用过的各种方法及其效果。明确工作区已有地质矿产的研究程度。为部署今后工作区的工作，选择工作方法和手段，确定工作期限和投入工作量的数量提供重要依据。

编制工作区的地质矿产研究程度图，就是将工作区前人已经开展过的各种比例尺的调查，用不同的线条、符号和数字等来表示前人的工作范围、工作性质、工作比例尺和调查工作的时间，并将资料编号。对重要意义的实际资料（如控制矿体的山地工程、钻孔位置、重要的采样点和化石点等），要标绘在研究程度图上。

3．编制地质草图

应着重对前人的基础地质资料中的地层、岩石、构造、矿产以及岩矿测试资料、同位素测年资料、遥感资料等的分析。对地层要重新清理、建立岩石地层单位，对花岗岩要建立单元、超单元系列及标志；对中深成变质岩要建立变质相（系）、变质域和多期多相变质作用带、变质变形序列及对包体、岩墙的研究。对一些重要的地貌、水文条件以及第四纪地质等问题也不可忽视。分析综合的过程中一定要非常明确本区还存在着哪些重大地质问题未解决，并了解其研究的程度。在研究前人资料的基础上，结合本次遥感地质解译图的成果及已有的各种比例尺地质图的对比分析〔对于高于本次地质调查工作比例尺精度的地质图，野外作些检查（对变质岩还要在室内对岩石薄片进行重新鉴定）、就可直接引用〕，编制出能反映当前研究程度与本次工作比例尺一致的地质草图。并附综合地层柱状图构造剖面图和图例。

4．编制矿产分布图

首先，对调查区内的所有矿床、矿点、矿化点、群众报矿点、物化探异常区（点）等详尽地登记在卡片上。一般矿床登记卡片的内容包括矿床（点）的名称、编号、产地、矿床地质特征、研究程度、前人评价意见等。然后，将工作区所有的矿床、矿点、矿化点、找矿标志绘在地质草图上，编制出矿产分布图。

目前开展的1:50000区域常规地质调查侧重于基础地质调查，对矿产的研究调查，往往只在路线调查中完成。因此，在1:50000区调设计中不单独编制矿床分布图。

（三）其他资料的整理

主要是指前人在工作区开展的化探、重砂、物探工作的成果资料。对这些资料和相关成果，进行综合整理，编制 1:50000 工作区的化探、重砂、物探异常综合图。以备今后地质调查工作中参考和验证。

第二节 野外路线踏勘

在详细阅读、分析综合工作区内的地质资料成果以及对遥感图片进行了初步解译之后，由队长、技术负责带领全队技术人员对工作区进行野外现场踏勘。野外实地踏勘不仅为设计提供各方面的直接依据，而且还直接影响后续地质调查各方面工作的开展，所以关系重大。

一、野外路线踏勘的工作内容

野外路线踏勘应完成的几项工作内容及要求如下：

（一）了解区域地质概况

了解内容包括区内各地层的时代、岩性、岩相、厚度、韵律、古生物化石、变质程度、韧性剪切带、含矿性特征以及地层间的接触关系；选定标志层和认识填图单位的划分标志；侵入岩及喷出岩的主要类型、分布、产状、单元的划分标志、接触变质带特点及其与矿产的关系；变质带相的划分、产状及分布，全区地质构造线方向，各类地质构造发育概况，有否韧性剪切带，推覆构造等及构造复杂程度。与此同时，还要选定实测地质剖面的位置，并对带有关键性的地层或岩体变质相带测制短剖面，典型地质现象要摄影，以便在设计时正确划分填图单位和统一工作人员之间的认识。

（二）了解区域矿产概况

了解工作区已知矿床、矿点位置、规模、成矿地质特征及找矿标志等。并了解老硐的分布，过去及现在的开采利用情况。用最新的成矿理论来确定进一步找矿方向和找矿应注意的问题。

（三）了解区域自然、经济地理状况

了解内容包括工作区的山川态势、基岩裸露程度、通行条件和交通运输情况、气候变化情况和工农业生产概况、村落的分布和民间习俗、劳动力及物产供给情况等。这是为了确定适于野外工作的季节和期限；为选择工作站的位置和交通工具以及人员装备和物资设施的准备等提供设计依据。

（四）检查有关资料的可信度

检查前人工作成果的质量及各种资料在新理论体系下的可供利用程度，同时检核地形图精度，验证遥感图片解译的效果，调绘并进一步建立解译标志等。

二、野外踏勘路线的选择及野外路线踏勘

（一）野外踏勘路线的选择

一般地，应把野外踏勘路线选择在露头良好、地层发育较齐全、地质现象较丰富、前人工作较详细、通行条件良好并能控制全测区或大部分测区的地段进行。布置野外踏勘路线一般应以穿越区内主要构造线和各主要地层单位为原则。

由于不同工作区的地质研究程度会有差异，因此具体踏勘路线的部署方式、着眼点应有所不同，分述如下：

1. 地质研究程度较高地区的踏勘

地质研究程度较高的地区，可进行重点踏勘或专题踏勘。如用多重地层划分方案去观察标准地层剖面、踏勘有代表性的岩体时，应用单元、超单元理论去论证，建立单元或侵入体标志；踏勘代表性区域变质岩时要划分其类型；踏勘代表性矿床或矿点及具有典型意义的地质构造现象时，要应用最新的成矿理论、构造地质观点去分析。对前人工作中存在的关键性疑难问题应进行较详细的观察研究，提出初步解决或找出解决问题的办法和途径。

2．地质研究程度偏低地区的踏勘

地质研究程度偏低的地区，可进行概略性的路线踏勘。在踏勘过程中，一定要对其遥感地质解译的内容进行验证、调绘和建立解译标志。以使遥感解译图能更全面地反映实际。在此基础上再对工作区内具有典型普遍意义的地质现象以及矿床进行重点观测与研究。

（二）野外路线踏勘

1．常规 1:50000 区域地质调查野外路线踏勘

野外进行路线踏勘时，应对路线上所能见到的各种地质现象、自然环境等踏勘任务所提出的内容进行详细观测、如实记录，并绘制信手路线剖面图或填制地质草图，还要注意采集必要的标本和样品。对那些重点观察研究对象，要做更多更细的工作。如测制短剖面、联合剖面、绘制露头素描图或拍摄照片等。并对地质体产状及各种构造要素要适当地进行测量和统计、采集各种样品和分析样品。以求能初步解决问题或加深认识。

至于踏勘路线的长短与间距及数量应视该地区地质构造的复杂程度而定，一般一幅 1:50000 图幅野外踏勘天数不少于 10～15 天。

2．地质实习野外路线踏勘

在地质教学实习（地质填图实习）的开始阶段，即野外路线踏勘阶段，学生应由教师带领，主要由教师进行讲授和示范。其主要内容和要求包括：

（1）介绍野外路线踏勘的目的、任务和意义。

（2）在野外介绍实习区的范围，自然经济地理及交通等方面的情况。

（3）在野外介绍实习区的地质矿产概况。

（4）在野外讲授地质罗盘、手持 GPS 的使用方法，并实地指导学生进行产状测量、定点、定位的练习。

（5）实地讲解踏勘路线沿途所观察到的各种地质现象，及其观察、记录的内容和方法（包括使用野外记录本进行地质记录的基本要求和记录格式）。野外记录本的记录格式大致如下：

地质记录本右页是用来作文字记录的，左页是用来画地质素描图、信手剖面图等图。野外文字记录时，除了记录本页头上的年、月、日、星期、天气、地点等内容需要填写清楚以外，页中的内容记录顺序如下（每项内容都要另起一行）：

1）路线——当天踏勘路线的出发地点、途径地点、返回地点。

2）任务——当天踏勘路线上的主要实习任务。

3）内容——当天踏勘路线上的实习内容。

4）位置——当天踏勘路线所处的地理位置。

5）观察点——观察点的点号。

6）内容——观察点上的观察内容。

7）观察内容的记录。

通过对实习区的路线踏勘，使同学们对实习区的地质、矿产情况有个基本的了解；基本学会地质罗盘及手持 GPS 的使用方法；初步学会在野外对地质现象的观察、描述和记录的内容、方法和格式，为后续阶段的实习打下良好的基础。

第二章 实测地质剖面

野外地质填图中，实测地质剖面工作在一般情况下是在完成了填图区的踏勘工作之后进行。其目的在于系统收集有关地质资料，通过对剖面上的地质现象作深入的观察和研究，从而深化对填图区内岩层的岩石类型、接触关系、构造特征以及地质事件演化的认识。它是地质填图工作的前提，是一个承前启后的关键环节。实测地质剖面资料是全面反应填图区地质特征的重要资料，也是进行综合研究和编写地质报告的重要基础资料。因此，实测地质剖面工作是野外地质填图中一项十分重要的基础工作。

开展地质剖面实测工作应掌握合适的时机，一般情况下，主要地质剖面的测制应在填图之前完成。在特殊情况需要将实测剖面工作推后时，也应在填图之前适当增加路线剖面踏勘的工作量，根据信手剖面或剖面草图及已有资料进行分析对比，确定一些临时性的填图单位和填图标志，以便开展填图工作。

实测地质剖面的任务主要是划分地层单元，建立填图区的地层层序，确定地层的地质年代，了解岩体的岩石学特征和划分出单元和归并超单元，认识岩层的变形—变质地质特征，查明各种地质体的构造特征和相互关系，确定填图单位。

在实际工作中，必须根据不同的情况测制不同类型的地质剖面。如在沉积岩分布区、岩浆岩分布区和变质岩分布区，由于地质条件的差异，要求测制的地质剖面的类型也各不一样。实测剖面的类型主要有如下几种：

地层剖面。测制地层剖面是为了查明地层的层序、厚度、时代，并研究各岩石地层单位的组成、结构、基本层序，各生物地层单位的代表性化石及组合特征、延限与地层标志、特殊成因、成分的岩石单位及含矿层、地球化学异常层的层位，与年代地层（或地质年代）单位的对比，以及各类地层单位之间的相互关系和确定填图单元。

岩体剖面。测制岩体剖面是为了查明岩体的不同组合类型，岩石的结构构造特征，岩体产状及其形态特征，岩体与围岩的接触关系和接触带的特征，不同时代不同类型岩体之间的相互关系，侵入顺序并划分出单元和归并超单元，查明与成矿的关系等。

构造剖面。测制构造剖面主要是为了研究填图区的区域地质构造特征，包括各种构造的形态特征、规模大小、空间分布规律及其相互关系，并研究它们的发展历史及与岩浆活动、变质作用和成矿作用之间的关系。

第四系剖面。测制第四系剖面主要是为了研究第四系沉积物的特征、厚度、形成时代、成因类型及其空间分布规律，确定地貌单元，研究新构造运动，寻找有关矿产。

此外，地质填图中有时因特殊需要还可测制矿体剖面、地貌剖面等地质剖面。

第一节 沉积岩区实测地质剖面的方法

实测地质剖面工作一般可分为三个阶段，即施测前的准备阶段、施测阶段和地质资料的室内整理阶段。

一、施测前的准备工作

（一）剖面位置的选择

具体在何处测制地层剖面必须有所选择，其基本原则是用较少的工作量获取尽可能多的系统的地质资料，使实测剖面尽量具有完整性、典型性和代表性，并且又易于施测和观察。因此，实测剖面的位置一般应尽量满足以下几个条件：

1．岩层露头良好，且连续性好。

2．地层层序清楚，地层出露较全，剖面线较短。

3．构造比较简单，岩层产状比较稳定，岩层间的接触关系清楚。

4．岩层的岩性组合和厚度具有代表性，且化石丰富。

5．剖面线尽可能通过含矿层位。

6．地形坡度较缓，便于观察和逾越。

（二）剖面数量的选择

实测剖面的数量应根据填图区的岩层厚度的变化、岩性组合的复杂程度及其横向变化，地层与矿层的相关程度以及前人的研究程度等来确定。一般要求对各地层单位及不同沉积相带至少应布置一至二条具有代表性的实测剖面。当岩层的厚度和岩性组合横向变化较大时，实测剖面的数量应适当增加。如岩层只是在某些地段比较复杂，则可以适当增测一些短剖面加以控制。

（三）剖面比例尺的选择

实测剖面的比例尺应与填图比例尺相适应，同时也与地层的复杂程度和分层精度要求有关，通常是以能够充分反映出剖面中最小地层单位为原则（即最小地层单位在剖面图上不低于 1mm 的宽度）。一般情况下，在 1:50000 填图中，实测剖面比例尺常选择 1:5000 或 1:2000。

（四）所需材料及工具的准备

实测地层剖面所需材料和工具除了地质罗盘、手持 GPS 全球定位系统、铁锤、放大镜以外，还有皮尺（或测绳）、油漆、厘米纸、三角板、量角器、野外记录本、剖面记录表、厚度计算表、标本袋、标签、各种送样清单、文具以及航空照片和地形图等。

（五）实测剖面的踏勘

在选定实测剖面位置后，施测之前应沿剖面线进行详细踏勘，以了解岩层的分层位置及一般分层厚度、岩性组合规律、构造形态及不同构造部位岩层对比关系。确定标志层，研究接触关系。确定地层单位及填图单位的划分位置，并设立标记。根据露头情况和工作需要布置揭露工程（如剥土、探槽等）。根据踏勘所取得的资料制定实测剖面的工作计划，包括组织人员分工，确定工作定额和工作进度等。

二、实测剖面的野外施测

测制地质剖面的方法较多，这里介绍的是常用的一种方法——半仪器导线测量法。

（一）实测剖面的技术要求

1．实测剖面线的方位应尽可能垂直岩层或主要构造线走向，一般情况下两者之间的夹角不宜小于 60°。

2．在满足实测剖面的任务的前提下，剖面线一般要取直、少拐弯或不拐弯，必须拐弯时，角度也不宜过大。

3．当沿剖面线露头不连续时，可布置一些短剖面加以拼接。但需注意层位拼接的正确性，防止地层的遗漏或重复。最好同时绘制构造剖面素描图，标明各段短剖面中不同层位岩层的对应关系，或者确定明显的标志层作为拼接剖面的依据。

4．如剖面线上有浮土掩盖，且在其两侧一定范围内无明显标志层对比。难以用短剖面拼接（或平移剖面导线）时，应考虑使用剥土、探槽或浅井予以揭露。

5．岩层产状平缓的地层剖面，宜在陡崖处布置；如有钻探资料应尽可能地利用，以求了解地表以下的隐伏层位。

（二）实测剖面的组织分工

半仪器导线测量法是一种用罗盘仪测量导线的方位角和地形坡度角，用皮尺或测绳丈量剖面斜距的导线测量方法。参与人员一般需要 4~5 人。由于工作项目较多，所以参与人员要分工合作。具体分工情况如下：

测手 2 人（前、后测手各一人），其主要任务是拉皮尺、测量距离、方位、地形坡度角。

选点员 2 人，其主要任务是选点，即将导线所跨越的地形坡度转折点、地层分界点、岩性分层点、构造点等划分出来。此外还要量产状、找化石、打标本和观察岩性等。

记录员 1 人，其主要任务是将各种实测数据记录在剖面测量的表格上，对岩性和地质现象作观察描述和绘制剖面草图（信手剖面图）。

（三）实测剖面的测量方法

工作开始时，后测手站立在起点零上，持皮尺或测绳零点一端，前测手持皮尺或测绳的另一端行进至已选好的一点（即第一导线的终点）上。然后两测手将皮尺或测绳拉直，前测手读出皮尺长度（并将数据报告给表格记录员），这即为导线长度或称为导线斜距。接着两测手相对测出导线方位角和地形坡度角并相互校正，且以后测手所测数据为准，由后测手报给记录员记录。后测手报出的地形坡度角应带正、负号，上坡为正，下坡为负。在测手工作时，两选点员分别进行选点、测量地层产状，采集各类标本样品，填写标签，并将以上工作的位置和所得数据报给记录员记录。记录员的工作是随时记录所取得的各种数据资料，填写实测地层剖面登记表（其格式见表 2-1），详细描述地层标本，绘制地层剖面草图（信手剖面图），其格式见图 2-1。

第一导线工作完毕之后，后测手前行至第一导线的终点，站在前测手原来的位置上，前测手则前行到选点员选定的第二导线的终点，然后按第一导线的程序和方法测量第二导线，之后又按此程序和方法测量第三导线、第四导线……直至剖面终点。

（四）实测剖面记录表格的记录方法

1．导线号

每一导线的编号，应该用其起点和终点两个点号来表示。如第一导线的编号为 0—1，第二导线编号为 1—2，以此类推。不宜用 1、2、3 等单个数字作为导线号，因为这种写法易生误解。

2．方位角

每条导线都要测量其方位角，在测量时由后测手读出前视方位角，再由前测手回视校正。记录表中应记录后测手报出的方位角。

表 2-1　　　　第　　页

实测地层剖面登记表

剖面位置及起点坐标

剖面编号：

观察点号	导线号	方位角	导线距斜距 L (m)	水平距 (m)	坡度角 (±) β	高差 (m)	累计高差 (m) h	岩层产状及位置 位置(m) 斜距	平距	倾向方位角	倾角 α	导线方向与地层走向夹角 γ	分层号	分层位置(m) 斜距	平距	真厚度	分层累计厚度	岩石名称	标本编号	样品编号	备注
1	0-1	184°	48		5°			21		196°	45°	78°	1	0/46				纯白色薄层石灰岩，其北面为大片黄土所掩盖			
	1-2	190°	40		-8°			0		200°	44°	80°	1	0/25				薄层状黑色页岩	B-1		
								25		197°	42°	83°	2	25/40				厚层层棕黄色粗砂岩		Gp-1	
	2-3	204°	53		27°			0		198°	41°	84°	3	0/16.5				薄层绿色石英岩	B-2		
								27		196°	38°	82°	4	16.5/21.7				白色石英岩			
								0		203°	32°	76°	5	21.7/53				同上			
	3-4	217°	38		-13°			33		198°	30°	71°	5	0/25				绿色板状砂岩	B-3		
	4-5	197°	45		17°			9		195°	27°	88°	6	25/38				同上			
													6	0/9				灰黑色厚层石灰岩	B-4		
2								36		196°	26°	89°	7	9/18				酸性岩脉	B-5	Gb-p-21	侵入岩产状：325°∠48°
	5-6	182°	23		22°			15		195°	22°	77°	7	18/25				黄黑色厚层石灰岩 NW50°方向的垂直理节发育			
	6-7	173°	21		-19°			18		194°	20°	69°	7	25/45				岩性同上			
3	7-8	200°	24		30°			15		170°	25°	60°	7	0/23				白色石英岩	Gp-3		岩石破碎，灰岩与石英石
	8-9	185°	60		-2°			13		164°			8	0/24				同上	Gp-4		灰岩接触，断层产状 60°∠65°
													8	0/3							

参加人员：

注：未填写的各栏，在野外暂不填写，待室内计算后再补填；本表引自卢选元等《地质调查基础知识》，1987。

20　　年　　月　　日

13

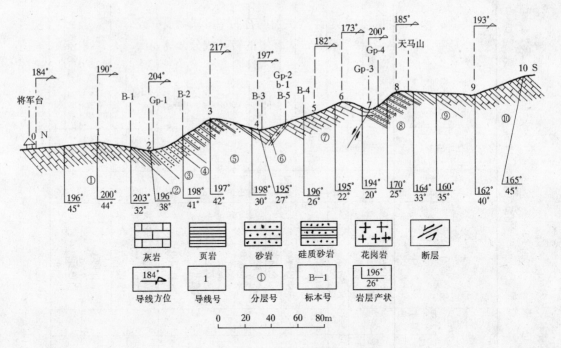

图 2-1 将军台—天马山实测地质剖面草图

(据卢选元等，1987)

3．导线距

导线距又分为斜距和平距两种，实地读出的导线长度就是斜距，应填入记录表中斜距栏内。导线平距（水平距离）须在室内计算得出后再填入平距栏内。

4．坡度角

测量时两测手相对施测，如两者读数相差不大，取平均数记入表内。如两者读数相差较大，须重新测量。坡度角须带正、负号。

5．高差

即为前后两点的高程差，是根据斜距和坡度角计算出来的。自零点起至每点都要算出累积高差。

（五）实测地层剖面地质观察内容及记录方法

在剖面测制中，每一导线间的各种地质现象如岩层的岩性、产状、接触关系、断层、节理、褶曲等各种构造要素以及矿层、标志层等都要仔细观察，详细描述，记录于野外记录本内。描述和记录应该实事求是，准确反映自然界的客观地质现象。

记录时，首先要把地质界线出露的实际位置记录下来，如某点为青塘组与黄贯组分界，然后描述岩层的岩性特征等内容，叙述两者的接触关系。

岩性的分层描述。岩性特征的描述首先应说明地层代号和岩石名称，然后分为基本描述与补充描述两部分进行描述。基本描述的顺序是：颜色、结构、构造、成分、名称。例如把某一岩层描述为：浅灰色中厚层条带状泥质灰岩。补充描述是为了突出岩性特点，说明变化特征，内容包括风化特征、层面及层间结构构造、化石保存特征等。如上例的补充描述为：颜色为灰绿至黄灰色，条带厚度 1～2cm，风化层富含泥质的条带，层面凹凸不平。对岩石颜色的观察要以新鲜面为准。

14

在对分层的岩性观察描述时，要注意识别岩石的基本矿物成分或碎屑成分，特别是生物碎屑成分，还有那些能够反映沉积或成岩环境的特征成分，例如海绿石、磷、铁、锰结核、钙结核、盐类矿物等的分布状况及数量。要注意观察描述岩石结构、组构特征，如碎屑颗粒的粒度、形状、磨圆度、分选性，化学沉积或重结晶矿物类型等。对宏观的沉积——成岩构造，包括"层"的形态、层理类型、单层厚度，各种交错层理，滑塌变形、液化变形、压实变形构造，原生与次生孔洞、生物潜穴，内沉积，帐篷构造，层顶面的波痕、干裂、生物遗迹，层底面的各类印痕、印模等均须全面观测描述。

对古生物特征的描述。对岩层中所含化石的种类、丰富程度、个体形态、保存状况、分布状态、岩性及沉积构造的关系，哪些是原地埋藏的，哪些是异地埋藏的，化石采集点的层位等都要详细观察描述。

对接触关系的描述。地层的不整合接触关系（包括角度不整合和平行不整合）是划分地层的重要依据。地层间为不整合接触说明存在着一个不连续的沉积界面，要注意观察其形态（平整的，起伏的，有印痕或印模等）、上下岩层是否相交、有无底砾岩或古风化壳、是否存在不同的构造变化和变质现象及临近接触面上下地层的时代并予以描述。

对产状要素的测量和记录。产状要素主要指地层、断层、矿脉等地质体的走向、倾向、倾角。对褶曲要素也要进行产状测量，如轴面的倾向、倾角，轴线的走向等。测定产状要素时，必须选取主要的有代表性的（地质界）面，读出精确数据，要避免采取量几个产状取其平均值的现象发生。

素描与照相。野外对地质现象进行素描和照相是地质描述和记录的重要补充手段，有些地质现象用许多文字进行描述往往还不如一幅素描图或像片能说明问题。素描的基本方法是透视法。照片和素描图都要进行统一编号，并记录它们的具体位置（如拍于导线1—2的30m处），以免混乱。

（六）实测剖面的标本样品采集和编录

实测地层剖面一般要进行较系统的逐层采样。采样的种类和数量要根据地质情况、需要和技术经济条件等综合考虑决定。常用的标本样品有：岩矿陈列标本、岩矿鉴定标本、古生物鉴定标本及岩石定量光谱分析标本，必要时采集人工重砂、化学分析样品，电镜扫描、岩组分析、差热分析、古地磁及同位素等样品。

标本样品采集后，要及时编号和记录采集位置以及及时包装，要将编号记入描述中并予以登记。标本样品编号的原则一般是：以汉语拼音字母代表标本样的种类放在编号的首位；以罗马数字代表剖面编号放在编号的第二位；以阿拉伯数字代表标本样品取自某一分层的分层号，放在编号的第三位，若在某一分层上取了2个以上标本样品时，则再以一阿拉伯数字放在编号的第四位上，表示某一分层上的第几个标本样品。如编号 b—Ⅰ—1，表明这个标本或样品是采自第一号实测地质剖面上第1分层的薄片标本。又如编号 GB—Ⅱ—3—2，表示这个标本是采自第二号实测地质剖面上第3分层的第2块构造标本。可依此类推。

各类标本样品的代号（汉语拼音字母）在1:50000区域地质调查规范中均可查到，在本书的附录中也给予了一般性的介绍（参见附录二的六、常用测试样品代号）。

（七）实测地质剖面草图的勾绘

在施测剖面的同时，还要及时勾绘实测地质剖面草图。这种图不要求很精确，但要求形象地反映地质、地形的细节特征，以作为室内作正式剖面图时的校核参考资料。此图一般按一定比例尺绘制在野外记录本的左页上，图中岩层的产状按真倾角标绘，其格式参见图 2-1。

此图的作法是：首先在图纸的适当位置选取一点 0，根据导线 0—1 的坡度角画出 0—1 导线的延长线，再根据 0—1 导线的长度（斜距）在 0—1 的延长线上确定点 1 的位置，又根据 0—1 导线范围内的实际地形，勾绘出 0—1 之间的地形线。然后根据岩层的分层位置和产状画出分层界线，并在各分层范围内根据其岩性特征画上相应的花纹符号，标注岩层产状、导线方位等内容，这样导线 0—1 的剖面草图就作完了。随着工作的进展，接着勾绘 1—2 导线、2—3 导线……的地质剖面草图，直至剖面终点。

三、实测剖面的室内工作

实测剖面的室内工作包括野外工作过程中当天的室内整理和阶段性整理工作。

当天的室内整理工作主要是核对当天在地质剖面测制中所获得的原始记录、表格、标本样品等资料是否一致，并且在室内对标本样品进行必要的清理、编录和登记。

阶段性整理工作是指地质剖面测制的野外工作结束后的室内工作。其主要内容包括整理、编录、包装采集到的标本样品，需要作分析鉴定的则要填好送样清单及时外送鉴定；根据原始资料计算数据（平距、高差、真厚度、假倾角等）；分析研究剖面岩性及其变化特征，对野外分层进行适当调整，划分对比地层，确定其时代归属，建立地层系统；选定各种分层标志或标志层；确定基本地质界线和填图单位；编制实测剖面图和实测地层柱状图。

（一）实测剖面地质资料的整理

1. 并层。野外分层往往较细，在室内制图时则要根据填图比例尺的精度要求和图面负担将野外分层进行适当归并。由于野外描述时内容往往较多较细，在并层时也应将各分层的描述加以整理与简化，以备作图时应用。

2. 整理化石资料。对野外采集到的古生物化石标本进行整理，即是参考化石手册或中国标准化石手册及其他有关文献进行初步鉴定，初步定出属、种名称，以便初步确定其产出地层的时代。

3. 划分地层。根据实测剖面各分层的岩性特征和古生物特征等，将其划分成若干个岩石的自然组合——岩石地层单位，并予以命名。命名时应遵照地层规范的规定进行。

4. 地层对比。在一个地区进行填图时，有时需要实测几条剖面，在对各剖面进行地层划分的基础上，必须依据岩性、沉积旋回、接触关系和古生物等特征进行地层对比工作，必要时还要与邻区地层进行对比，建立起地层的空间概念，掌握地层的横向变化，使地层划分更加合理。然后根据古生物资料，确定各地层的相对地质年代，建立区域地层系统。

5. 确定填图单位。所谓填图单位，就是指为填制地质图所划分的基本地层（或岩石）单位。在地质图上为两条相邻地质界线之间的地层（或岩石）。填图单位是在研究前人的有关地层资料和测区剖面测量资料的基础上，根据填图比例尺的精度要求来确定的。填图单位的确定直接关系到填图工作的质量，必须全面慎重地考虑。在一般情况下，一个填图单位在地质图上的最小宽度不得小于 1mm，过小的地层单位可适当合并。对含矿层、标志层及其他重要地质体即使其厚度在图上小于 1mm，也应单独作为填图单位，放大绘到地质图上。

（1）填图单位的一般特征。填图单位一般具有下述特征：

同一填图单位有一定的岩性组合特征。它可以由某一单一岩性的岩层构成，也可由复

16

杂的多种岩层组合而成的沉积旋回构成。

同一填图单位具有明显的识别标志。如岩石的颜色、成分、结构、沉积构造、区域变质特征、古生物组合特征、特殊地貌标志等。在一个填图单位内部，不应包括明显的沉积间断（即不应包含明显的平行不整合面或角度不整合面）。

（2）填图单位的精度要求。不同比例尺的地质图对填图单位的精度要求不尽相同。

1:200000～1:100000 地质填图时，沉积岩填图单位一般分至组（或阶），个别地区难以详细划分时，可划分到统（或相当于统的群）。第四系划分成因类型，条件许可时可划分至统。

1:50000 或更大比例尺地质填图时，沉积岩填图单位尽可能划分到段或带。第四系松散层则划分成因类型。

6. 选定标志层。标志层是指岩层厚度不大、分布范围较广、层位稳定（横向变化小）、岩性或所含化石特征较明显的岩层。标志层可以是富含某类生物化石的岩层；可以是坚硬不易风化的岩层，如石英砂岩层、硅质岩层、硅化灰岩层；可以是在某一地史时期中特殊的古气候、古火山活动条件下形成的岩层，如沉积岩层中的凝灰岩夹层，正常海相沉积岩层中的盐类夹层，陆相地层中的海相夹层等；也可以是某些含矿的地层或矿层。

选定标志层是野外地质填图中一件很有意义的工作。标志层可作为划分地层或填图单位的标志。有了好的标志层可使填图工作变得准确而迅速，尤其在填图单位较大、岩层出露较宽的地区更是如此。

（二）基本数据的计算

1. 需要计算的基本数据：

（1）由斜距换算平距（ac）。换算公式：$ac = ab \cdot \cos\beta$（图 2-2）

（2）由斜距换算高差（bc）。换算公式：$bc = ab \cdot \sin\beta$（图 2-2）

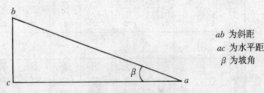

ab 为斜距
ac 为水平距
β 为坡角

图 2-2　斜距换算图解

（3）岩层真厚度（D）的计算。如果实测剖面时，导线斜交岩层走向测量，计算岩层真厚度的公式为：$D = L (\sin\alpha \cdot \cos\beta \cdot \sin\gamma \pm \cos\alpha \cdot \sin\beta)$ 上式中，L 是斜距，α 是岩层倾角，β 是地形坡度角，γ 是剖面线方向与岩层走向的夹角。地形坡向与岩层倾向相同时用负号，与岩层倾向相反时用正号（参见表 2-2）。

2. 利用计算器计算岩层厚度

上面介绍的计算岩层厚度的公式比较复杂，计算较为繁琐。如果根据上面计算公式编制一个计算岩层厚度的程序，利用计算器来进行计算，就会非常的便捷。现以 CASIO fx-180p 计算器计算岩层厚度为例，介绍其计算程序和计算方法，（以下内容中，$\boxed{\text{MODE}}$、$\boxed{0}$、$\boxed{4}$ 等表示计算器上不同的按键）其步骤为：

按 $\boxed{\text{MODE}}$ $\boxed{4}$ 显现 DEG，表示指定以"°"为角度单位。按 $\boxed{\text{MODE}}$ $\boxed{0}$ 显现 LRN 和 p_1p_2，表示允许写入程序状态。按 $\boxed{\text{MODE}}$ $\boxed{0}$ $\boxed{P_1}$ 显现 P_1，表示指定所写入（或读出）的程序写在（或读出）P_1 程序组。

输入程序（下程序中的 $\boxed{10}$、$\boxed{30}$、$\boxed{40}$、$\boxed{45}$、$\boxed{120}$ 分别代表斜距、坡度角、倾角、方位角和倾向）。输入程序时逐一按如下键：

表 2-2

剖面编号 _____

剖 面 数 据 计 算 表

导线方向	导线编号	斜距(m) L	地层倾角 α	坡度角 β	地层走向与剖面线夹角 γ	y = sinα·cosβ·sinγ ± cosα·sinβ							高差 h=L·sinα	累计高差	平距 M=L·cosβ	真厚度 D=L·y	分层号	分层累计厚度	备注
						sinα	cosβ	sinγ	积	±	cosα	sinβ	积							
184°	0—1	48	45°	5°	78°	0.7071	0.9962	0.9782	0.69	+	0.7071	0.0875	0.06	4.20	4.20	47.82	36	1		
190°	1—2	40	44°	−8°	80°	0.6947	0.9903	0.9848	0.68	−	0.7193	0.1392	0.10	−5.57	−1.37	39.61				
		24 (0~25)	44°	−8°	80°	0.6947	0.9903	0.9848	0.68	−	0.7193	0.1392	0.10			24.76	14.5	1	50.5	
		15 (25~40)	42°	−8°	83°	0.6691	0.9903	0.9926	0.66		0.7431	0.1392	0.10			14.85	8.4	2	8.4	
204°	2—3	53	41°	27°	84°	0.6560	0.8910	0.9945	0.58	+	0.7547	0.4540	0.34	24.06	22.69	47.22				
		16.5 (0~16.5)	41°	27°	84°	0.6560	0.8910	0.9945	0.58	+	0.7547	0.4540	0.34			14.70	15.2	3	15.2	
		5.2 (16.5~21.7)	38°	27°	82°	0.6157	0.8910	0.9903	0.54	+	0.7880	0.4540	0.36			4.63	4.7	4	4.7	
		31.3 (21.7~53)	38°	27°	82°	0.6157	0.8910	0.9903	0.54		0.7880	0.4540	0.36			27.89	28.2	5		
217°	3—4	38	32°	−13°	76°	0.5300	0.9744	0.9703	0.50	−	0.8480	0.2250	0.19	−8.55	14.14	37.03				
		25 (0~25)	32°	−13°	76°	0.5300	0.9744	0.9703	0.50	−	0.8480	0.2250	0.19			24.35	7.8	5	36.0	
		13 (25~38)	30°	−13°	71°	0.5000	0.9744	0.9445	0.46	+	0.8660	0.2250	0.19			2.67	3.5	6		
197°	4—5	45	27°	17°	88°	0.4540	0.9563	0.9994	0.43	+	0.8910	0.2924	0.26	13.16	27.30	43.03				
		9 (0~9)	27°	17°	88°	0.4540	0.9563	0.9994	0.43	+	0.8910	0.2924	0.26			8.61	6.2	6	9.7	
		9 (9~18)	26°	17°	89°	0.4384	0.9563	0.9999	0.42	+	0.8988	0.2924	0.26			8.61	6.1	7		

组长:　　　　检查:　　　　计算:

注:本表引自卢选元等《地质调查基础知识》,1987。

年　　月　　日

18

$\boxed{\text{ENT}}$ $\boxed{10}$ $\boxed{\times}$ $\boxed{[}$ $(\cdots\cdots$ $\boxed{\text{ENT}}$ $\boxed{30}$ $\boxed{\text{kin}}$ $\boxed{1}$ $\boxed{\sin}$ $\boxed{\times}$ $\boxed{\text{ENT}}$ $\boxed{40}$ $\boxed{\text{kin}}$ $\boxed{2}$ $\boxed{\cos}$ $\boxed{+}$ $\boxed{\text{kout}}$ $\boxed{2}$ $\boxed{\sin}$ $\boxed{\times}$ $\boxed{\text{kout}}$ $\boxed{1}$ $\boxed{\cos}$ $\boxed{\times}$ $\boxed{[}$ $(\cdots\cdots$ $\boxed{[}$ $(\cdots\cdots$ $\boxed{\text{ENT}}$ $\boxed{45}$ $\boxed{-}$ $\boxed{\text{ENT}}$ $\boxed{120}$ $\cdots\cdots)$ $\boxed{\cos}$ $\cdots\cdots)$ $\boxed{]}$ $\cdots\cdots)$ $\boxed{]}$ $\boxed{=}$ $\boxed{\text{MODE}}$ $\boxed{7}$ $\boxed{1}$ $\boxed{\text{M}^+}$ $\boxed{\text{INV}}$ $\boxed{\text{HLT}}$

数字显示 5.3，按 $\boxed{\text{MODE}}$ $\boxed{\cdot}$ $\boxed{\text{P}_1}$ 表示已输入 P₁ 程序组，可以进行厚度计算了。例：设某岩层的斜距为 35m，坡角为 15°，倾角为 40°，方位角为 85°，倾向为 90°。将以上数据输入程序计算的方法是：按斜距、坡度角、倾角、方位角及倾向的次序将数据逐一输入计算器，每输入一个数字接着按一下 $\boxed{\text{ENT}}$ 键：35 $\boxed{\text{ENT}}$ 15 $\boxed{\text{ENT}}$ 40 $\boxed{\text{ENT}}$ 85 $\boxed{\text{ENT}}$ 90 $\boxed{\text{ENT}}$ 显示：28.6。

要继续计算，可先按 $\boxed{\text{P}_1}$ 键，接着按顺序输入数据即可。如：20 $\boxed{\text{ENT}}$ 0 $\boxed{\text{ENT}}$ 40 $\boxed{\text{ENT}}$ 90 $\boxed{\text{ENT}}$ 92 $\boxed{\text{ENT}}$ 显示 12.8 。

如要上两层的累积厚度，则按 $\boxed{\text{MR}}$ 键，显示 41.4 即是。再要继续计算，先按 $\boxed{\text{P}_1}$ 键，接着按顺序输入数据即得岩层厚度，以此类推，一直计算出整个剖面所有岩层的分层真厚度和累积厚度。

3. 剖面计算表。在野外工作中，为了保证工作质量，便于检查，通常采用剖面计算表的方式将各有关中间数据填于表中，这样可使计算不致紊乱，便于检查验证。计算表的格式参见表 2-2。

（三）实测剖面图的编制

地质剖面图是在地形剖面基础上表示地质体产出状态和地质构造形态的一种图件。实测地质剖面的成图方法常用的有展开法、投影法和分段投影法。本书着重介绍投影法。投影法作图的方法步骤是：首先作导线平面图，第二步作自然剖面图，第三步完成地质剖面，接着完成图名、图例、方位，最后成图。

1. 导线平面图的绘制

（1）用作图法求出剖面总方向。（取厘米纸的上方为正北）在厘米纸（最好是透明厘米纸）上的左侧任取一点 0，根据 0—1 导线方位角从 0 点作一射线，按比例截取线段 0—1 等于导线 0—1 的平距，然后以点 1 作为原点，以 1—2 导线的方位角作一射线，按比例在射线上截取线段 1—2 等于导线 1—2 的平距，以此类推，作出 2—3，3—4……导线的线段，直至剖面终点。作 0 点与终点的连线，此线的方位角就是剖面总方向。

（2）导线平面图。首先在图纸上设计好导线平面图的位置范围，根据各导线的展布情况（从用作图法求剖面总方向的图形中可以体现），在适当的位置作一水平线作为导线平面图的基线（以剖面总方向为此基线方向），在基线上一端的适当位置，选取原点 0，以用与作图法求剖面总方向相同的作图方法，将野外实测各导线段斜距换算成水平距离后，作出各导线在导线平面图上的代表线段 0—1、1—2、2—3……直至终点。在这些线段的相应位置上作出有代表性的岩层分界线、产状和断层等简要地质内容，导线平面图就完成了。

需要说明的是从理论上讲，在导线平面图上其起点 0 与终点应都落于同一水平线上。但是，由于作图误差，这两点一般不容易落于同一水平线上。假若在用作图法求剖面总方位时，图是作在透明厘米纸上，此时就可将此图上的起点 0 到终点的连线与导线平面图上选取的基线重合，然后把各导线上的端点用针刺于导线平面图上，再把这些针刺点连接起来。此时导线平面图上的起点 0 与终点就一定在同一条水平线上了，由此可消除作图误差的影响（参见图 2-3、图 2-4）。

2．自然剖面图的绘制。自然剖面图又称地形剖面图，它反映实测剖面线上自然的地形起伏状态，作在导线平面图的正下方。此图的作法是：将导线平面图上各导线的端点 0、1、2、3、……垂直投影下来，根据其高差和累积高差来确定他们在自然剖面上的位置。这些点的高低位置都是相对的，所以可以把它们通通都放得高一些或低一些。但是放得太高或太低都有碍于图面的结构和美观，所以，他们的位置要放得适当，这就必须事先估算一下剖面的最高点和最低点的情况，选择好一条位置高低适当的基线。导线平面图上各点就以基线为基准，以其相对高差和累积高差为距离，按比例确定其在自然剖面图上的位置，然后把各点用直线连接起来（成为一条折线），再参考在野外绘制的实测剖面草图（信手剖面图）所反映的地形特征，将折线地形修改成近似实际的曲线地形。自然剖面即已绘制完成（参见图 2-3、图 2-4）。

3．地质内容的标绘。当自然剖面图上标绘了地质内容以后，便成了地质剖面图。在自然剖面图上标示地质内容的基本方法也是垂直投影法，即在导线平面图上先确定要标绘的地质内容的位置，随后从此点上垂直投影，与自然剖面的剖面线相交一点，则此点即为该地质内容在自然剖面图上位置。当将所掌握的地质内容都通过这样投影的方法在自然剖面图上找到其相应的位置，并用各种规定的花纹符号将它们反映出来，即作成了地质剖面图。具体作图步骤是；首先根据实测剖面记录表的记录，将各分层点的位置投影在地形剖面上，然后依据各分层的产状绘出各分层界线。在绘分层界线时，要考虑地层走向与剖面

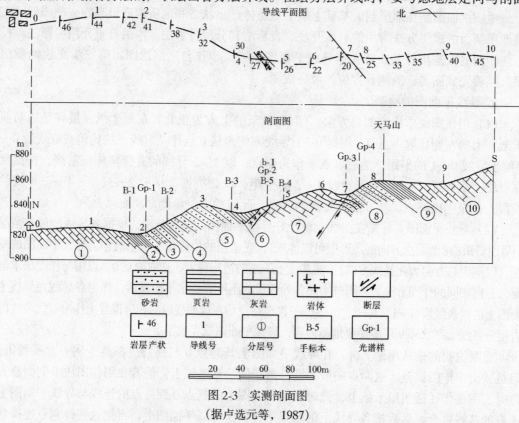

图 2-3　实测剖面图
（据卢选元等，1987）

20

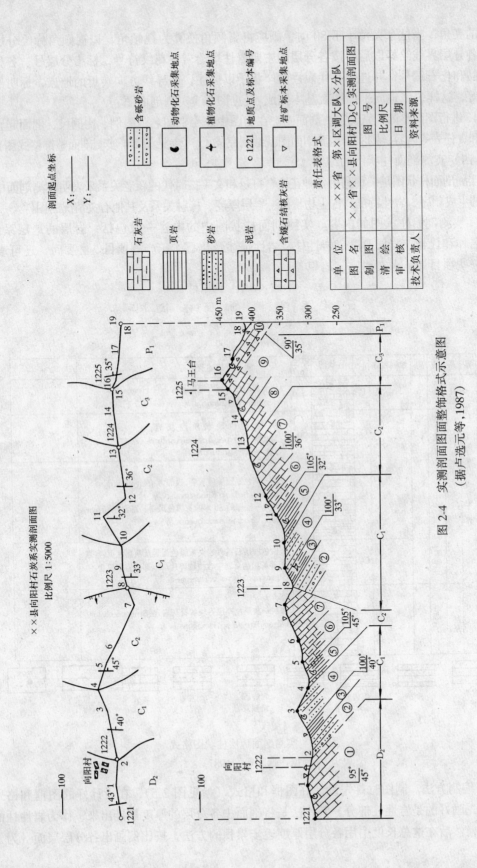

图2-4 实测剖面图图面整饰格式示意图

（据卢选元等，1987）

方向的夹角，当这个夹角小于 80°时，则应将真倾角换算为视倾角，以视倾角标绘分层界线。各分层界线绘好以后，按各分层的主要岩性填绘岩性花纹符号，标出分层号、各种标本样品和化石编号，并选择有代表性的产状予以标注，在导线方向转折的地点，标明剖面方位等，这样一张地质剖面图就基本完成。(见图 2-3 实测剖面图)。

4. 进行图面整饰，完成实测剖面图。在上图中添绘上图名、图例、比例尺、剖面起止点坐标和责任表等内容，则实测地质剖面图就编制完成了。(参见图 2-4 实测剖面整饰格式图)

（四）实测剖面柱状图的编制

实测剖面柱状图是一种利用各种花纹、符号和文字按时代的新老关系来表明实测剖面中各岩层的生成顺序、岩性特征、古生物特征、岩层厚度、接触关系及其他有关情况的图件。

1. 实测剖面柱状图的内容。实测剖面柱状图中的内容一般包括：岩层的地层系统、地层名称和代号、岩层厚度、岩性柱、岩性描述及化石、矿产等项目。必要时，还可增添其他一些项目如：水文地质、地貌等。

×× 省 ×× 县　向阳村

石　炭　系　实　测　剖　面　柱　状　图

J-50-17-A（×× 幅）

比例尺 1：5000

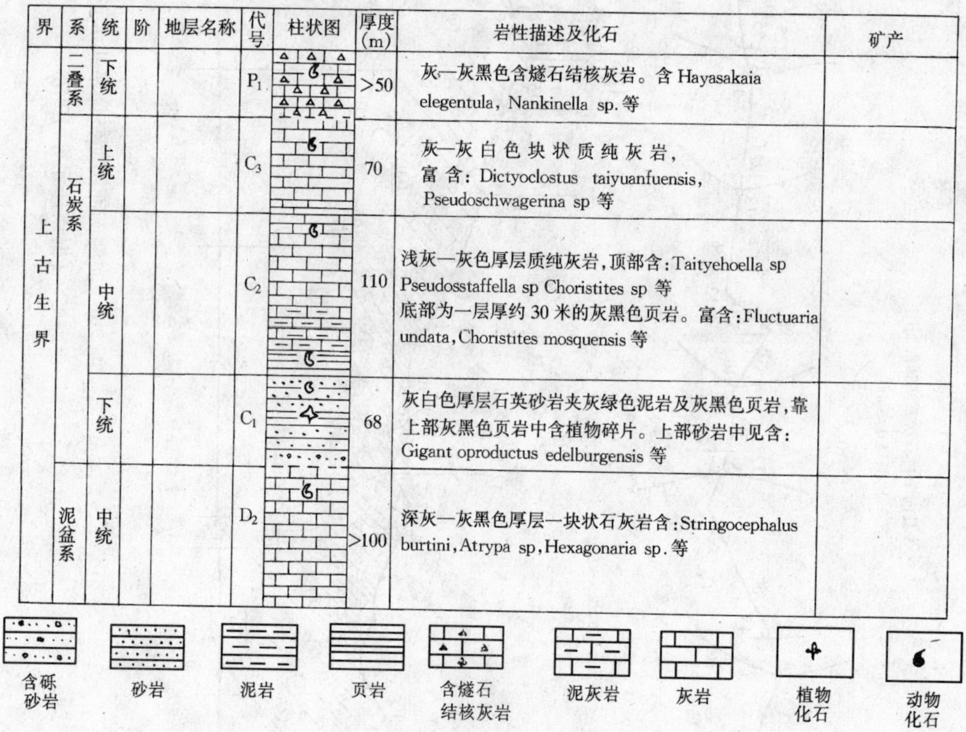

图 2-5　实测剖面地层柱状图格式

（据卢选元等，1987）

2. 编制方法。制图时首先设计好图框和格式（参见图 2-5），在设计好的图框和格式中，首先画好的是岩性柱部分。其作法是将剖面中各分层的厚度累计出来，作为岩性柱的总长度，然后在这总长度中用各分层厚度逐步累积的方法，按比例画出各分层层面（为了

22

减少或避免作图过程中产生误差），然后在各分层范围内画上相应的岩性符号，对岩层的接触关系和所含化石内容也应用相关的符号标注于岩性柱中；如果岩性单一、厚度又过大时，可用省略符号截短表示；分层最小厚度一般规定为该图比例尺 1mm 所代表的厚度，如小于 1mm 所代表的厚度时就应合并，但特殊情况下（如矿层、标志层）应允许夸大表示。此后，进一步填写地质年代、岩性描述、矿产和其他各栏。最后标明图名、比例尺和图例等。

第二节　岩浆岩区实测地质剖面的方法

这里介绍花岗岩类区实测地质剖面的方法，其他岩浆岩区与之相似。

花岗岩类深成岩体剖面的测制，是花岗岩类区最基本的工作方法之一。通过测制剖面，可以解决花岗岩类深成岩体的不同组合类型、深成岩体之间和内部的接触关系，划分单元和归并超单元；了解每个单元内部的岩性变化及超单元内部的同源岩浆演化序列的变化情况，建立侵入的相对序次；查明深成岩体与围岩的接触关系以及深成岩体的形成时代；查明深成岩体的变形构造及就位机制等。通过对剖面的详细采样，可以获得各个单元、超单元的岩石学、矿物学、岩石化学、地球化学、成岩温度、含矿性等方面的宝贵资料。通过剖面测制，对剖面进行野外研究和室内分析，为建立岩石谱系单位提供各种地质资料，因此，它是一项重要的地质工作。

一、施测前的准备工作

（一）剖面位置的选择

1. 剖面应选择在出露较好、露头基本连续、垂直深成岩体内部构造线、上下关系基本清楚且构造简单的地段。

2. 实测剖面应选择在命名单元的侵入体或命名超单元的典型地区测制。对于不能确定其谱系关系的独立侵入体，也应按单元的要求实测剖面。

3. 对于单元中其他侵入体，一般仅要求测制路线剖面。

4. 为了选好剖面，应广泛收集资料，包括前人的工作成果和野外踏勘所收集的。

5. 剖面可以一个单元为测制对象，亦可以一个超单元为测制对象，但应通过整个应测的侵入体，并包括接触带或蚀变带及部分未变质的围岩。

（二）比例尺的选择

路线剖面：一般为 1:10000~1:5000

实测剖面：一般为 1:5000~1:2000

（三）所需材料及工具的准备（参见本章第一节相关部分内容）

二、实测剖面的野外施测

（一）剖面野外测量方法

（二）记录表的记录方法

此二项工作方法与沉积岩区相同，参见本章第一节相关部分内容。

（三）地质观察内容及记录方法

对每一导线间的各种地质现象都要仔细观察，并由观察员详细记录在野外记录本内。描述工作应实事求是、准确地反映客观地质现象。同时绘制信手剖面图，必要时进行有关现象的素描和照像。观察及记录的内容有：

1．查明对同类型深成岩体与围岩的接触关系（侵入的、沉积的或断裂的）和接触面的形状（平直的、波状的、锯齿状、枝杈状还是顺层贯入的）。

2．观察分析深成岩体的时代和序次。主要根据深成岩体与其他岩类（沉积岩、变质岩、火山岩）、深成岩体与深成岩体之间以及深成岩体内部接触关系来确定。

3．观察确定不同单元之间的接触关系，是超动侵入接触、脉动侵入接触，还是涌动侵入接触。注意观察收集各方面的第一手资料。

4．观察各个单元或侵入体的岩石特征，包括岩石的矿物成分、结构（确定为一期结构、二期结构或微花岗结构），及有无变化情况、风化程度、地貌特征等。

5．统计、测量叶理和线理。

6．观察脉状岩体，查明脉岩的产状、数量、种类、成分、与被侵入单元的关系，分析脉岩与被侵入单元或超单元有无成因联系。

7．查明接触变质晕的宽度，划分接触变质带。

8．查明深成岩体中的构造变动及其特征。

9．观察深成岩体内有无包体，查清包体的种类、形状、数量、大小、分布及成因等。

10．含矿性的了解，观察有无矿化现象，查明矿化的种类、程度及变化情况。

（四）标本样品的采集和编录

剖面上的取样，首先要做到目的明确、主次分明；其次，要力求样品新鲜，分布均匀，并考虑室内使用的分析方法。

样品一般包括：

薄片：一个单元（或侵入体）采三块主要标本及一块次要标本。

光谱样：以单元或侵入体为区间按一定间距采样，一般来说，1∶2000 比例尺的剖面，每 20m 取一个，或者 20m 范围内捡块组合成一个；1∶5000 比例尺的剖面，则每 50m 取一个，或 50m 范围内捡块组合。

硅酸盐全分析样：一个单元（或侵入体）取一个。

人工重砂样：一个单元（或侵入体）取 1 个。

稀土分析样：一个单元（或侵入体）取 1 个。

同位素年龄样：一个超单元取 1 个。

在采集上述样品时，应同时采集一块岩石标本样，以备对照检查用。

标本、样品采集后，要及时编号、测量和记录其在剖面上的位置，并将其包装好，包装袋应附有说明样品性质和采集地点的标签，同时将各单元（或侵入体）中所采集的标本和样品编号记入剖面记录表中，在野外记录本的描述中也要进行登记。

（五）剖面草图的勾绘

该内容参见本章第一节中实测地质剖面草图的勾绘，方法与之完全相同。

三、实测剖面的室内工作

实测剖面的室内工作，包括三个方面：

（一）剖面地质资料的整理及分析研究。

（二）基本数据的计算。

（三）实测剖面图的编制。

这三个方面的工作方法，与沉积岩区基本相同，参见本章第一节。但由于工作的对象其主体为花岗岩类深成岩体，而不是沉积岩层，还有其不同的方面。

1. 深成岩体的沉积地层围岩、其地层划分和填图单位的确定应引用区内或邻区沉积岩区的资料。

2. 填图单位的确定。在花岗岩类岩石谱系单位等级体制填图中，圈定侵入体是填绘地质实体的工作，不能像过去填绘岩体那样作为填图单位，那样就会造成每一个侵入体作为一个填图单位的做法。所以，以单元作为最基本的填图单位。因而，要逐步做到一个岩石区内使用统一的代表性的单元和超单元的名称。只有图幅内发现无法归为哪一个单元的独立侵入体，才可以有条件地作为暂时使用的辅助性填图单位。

在花岗岩1:50000区域地质填图方法指南中规定，岩石谱系单位分为正式单位、非正式单位、不具等级意义的单位三方面。其中正式单位按其等级由高至低依次为超单元组合、超单元、单元三个单位。单元是岩石谱系的基本单位，与岩石地层单位中的组相对应，它是深成侵入岩区地质填图中基本的填图单位。单元是根据多方面的特征建立起来的；超单元是两个或两个以上单元的归并，而超单元组合又是两个或两个以上超单元的归并。非正式单位为侵入体，它是区域地质填图中所填绘和圈定的地质实体。不具等级意义的单位为岩浆杂岩，它是表示在一个规模较大的岩基内，出现几个深成岩体，或几个超单元及单元的岩石伴生在一起，彼此关系不清，或是由于研究程度所限还不能划分为确切的正式岩石谱系单位。在划分和确定上述有关单位及名称时，应遵照有关规范进行。要遵照其划分准则和命名原则，尤其要根据有关的依据、标志、条件来建立单元，归并超单元（详见花岗岩类区1:50000区域地质填图方法指南）。

第三节　变质岩区实测地质剖面的方法

在变质岩区实施测制剖面的目的是通过对剖面上地质现象的深入观察研究，深化认识工作区内填图单位的岩石类型、接触关系、变形变质特征、区域构造轮廓、构造式样和构造变形强度以及地质事件演化等，并系统的收集这方面的资料。因此剖面是全面反映填图区的地质特征的重要资料，同时也是进一步综合研究和编写报告的重要资料。在开展剖面测制工作时，应掌握合适的工作时机，选择有利的剖面位置，明确需要解决的一些重要地质问题和相应的技术方法，包括对拟采集的各种测试样品的设想。

鉴于变质岩的特性，测制剖面一般应在填图单位已经确定，各种岩石类型及变形、变质带、区域构造轮廓已基本查明的基础上，也就是已完成第一轮填图基础上实施为宜。这样可以为合理选择实测剖面位置提供较充分的地质依据。但剖面放在后期测制，对指导面上填图工作不利。所以，工作区的变质岩若为成层有序的浅变质岩系，则剖面测制常在填图前进行。变质岩区测制剖面的数量，每一图幅至少测制一条主干标准剖面、视情况可以测制几条辅助剖面，以满足工作需要为准则。

变质岩区实测剖面的基本任务：

（1）查明地层的层序和厚度。根据残余的原生构造、岩石组合及韵律特征、接触关系、标志层、构造特征（劈理降向、轴面倒向等），确定岩石层序和厚度，然后在此基础上划分地层单位和填图单位。

（2）野外统一岩（层）石命名，逐层观察，记录各种岩石、岩石组合以及收集变质矿物的特征，为恢复原岩建造和划分变质带、变质相、变质系提供研究资料。

（3）在露头、手标本上认真研究多期变质变形作用。如：褶皱叠加、韧性剪切带、劈理、片理、线理、断层展布、强变形带与弱变形域的划分等。

（4）系统采集各种鉴定分析样品，包括岩矿鉴定、微古鉴定、物化分析、同位素测年等样品。

（5）寻找含矿层位和确定含矿岩石组合（建造）。

一、施测前的准备工作

（一）剖面位置的选择

1. 成层有序的变质岩区选择施测剖面位置的原则

（1）地（岩）层齐全，在测区内具有代表性，能控制所有填图单位和查明它们之间的接触关系。

（2）地质构造较简单，产状较稳定，且地层连续。

（3）露头良好，通行较方便。

（4）具有大量示顶，示序标志等变余构造和特征的岩性组合。

（5）剖面方向尽量能垂直地（岩）层走向或主要构造线方向，一般两者间夹角不能小于60°。

2. 层状无序的中深成变质岩区选择施测剖面位置的原则

（1）地质内容齐全，具有代表性，能控制所有填图单位和查明它们之间的接触关系。

（2）露头出露良好，有较好连续性且通行较方便。

（3）通过不同的变形-变质带和需要解决重点地质问题的地段（如糜棱岩带-韧性变形带、超基性侵入体、基性岩墙群、混杂岩、包体等）。

（4）能较系统地观测到各种构造要素、示顶或示序标志、运动学动力学标志。

（5）剖面方向尽量垂直构造线方向，露头欠佳处应工程揭露或平移避开。

（二）剖面比例尺的选择

由于变质岩区出露的岩性厚度巨大，所以剖面比例尺不宜过大。

一般地区：1∶2000～1∶5000（长剖面）；

复杂地区：1∶1000～1∶2000（短剖面）；

地质实习区：可采用1∶1000 。

（三）所需材料及工具的准备（此项内容与沉积岩区基本相同，参见本章第一节）

二、实测剖面的野外施测

（一）剖面的野外测量方法（此项内容与沉积岩区基本相同，参见本章第一节）

（二）记录表格的记录方法（与沉积岩区基本相同，参见本章第一节）

（三）地质观察内容及记录方法

目前，一般把变质岩划分为成层有序变质岩系和层状无序变质岩两大类。下面概略地介绍这两类变质岩区在剖面测制中的地质观察内容与记录方法。

1. 成层有序浅变质岩区地质观察内容与记录方法：

（1）原生沉积构造的观察，确定地（岩）层层序

在成层有序的浅变质岩区，普遍发育着各种性质的层状构造（包括条带状构造），其

中既有原生层状构造（S_0），又有后期改造的层状构造（S_1 或 S_2），它们的产状大体上往往向同一个方向倾斜，貌似单斜，但它们的构造变形非常复杂，广泛发育紧密同斜褶皱。这就要求我们在野外剖面测制过程中努力将它们加以区分，努力观察分析那些作为示顶标志的原生沉积构造，如沉积韵律、沉积构造（层理、层面特征）、沉积旋回等，就可以确定岩层层序，进而恢复构造形态（表2-3）。

原生沉（堆）积构造   表2-3

类　型	特　征　描　述	图　示
层理特征	交错层理：各细层向下收敛而与层系的界面相切或近平行，向上撒开并为其上部界面切割	
	递变层理：每一小层下部为粗粒物质，向上变细，各小层成韵律性重复的变化	
	色韵律层理：每一小层下部颜色较深，向上逐渐变淡，然后又出现另一小层色深物质	
层面特征	振荡波痕：弧形波谷分开棱角状波脊，波脊指向层序变新方向	
	水流波痕：波脊和波谷都有同一形状，但重矿物或较粗的物质沉积在波谷中	
	泥裂：裂口尖朝下，上覆砂岩底板上形成向下突出的砂脊	
	层间冲刷面：下伏岩层顶面被冲刷凹凸不平，在凹处的上部岩层中有较粗颗粒	
生物标志	叠层藻生长方式：向上分枝，各层均呈向上拱起的弧形	
火山岩系中的标志	杏仁构造：顶部杏仁体比底部发育，底部管状杏仁体下端分叉呈倒"V"形	
	冷凝带：熔岩顶底板都有冷却带，上冷凝带比下冷凝带厚得多	

注：据变质岩区 1:50000 区域地质填图方法指南

（2）寻找观察褶皱转折端

寻找观察褶皱转折端对确定剖面上的地（岩）层的构造型式至关重要。若发现劈理（S_1）与层理（S_0）相交切，则肯定有紧密同斜褶皱存在。这时要认真观察地（岩）层岩性的对称性和追索找寻褶皱转折端，因为平面转折端的地层层序总是正常的。

（3）观察岩石组合特征进行分层，确定标志层等。

（4）观察次生构造标志（如劈理降向，褶皱轴面倒向等）。和对动力变质岩的观察研究。

对以上各种地质内容及产状要实事求是、准确地记录下来。对岩石的描述及记录方法与沉积岩描述相似，对其准确地定名要以薄片鉴定为准。

2. 层状无序变质岩带的地质观察内容及记录方法

这类变质岩大部分在中深变质和一些层状有序变质岩系的强变形带中，对它们的地质观察，主要采用构造—岩石填图方法，剖面上研究应以变质岩构造学作先导和以变质岩石学研究为基础，二者密切结合。所以，对层状无序变质岩带的地质观察内容，要抓住以上这两个要点，大力开展露头上的构造解析与薄片的鉴定相结合，加上同位素测年、岩石化学、地球化学测试、物探等资料进行综合分析，从而建立本区地质事件序列和地质事件表。

其记录方法按记录构造要素的方法记录，对岩石的描述要以岩矿鉴定为准。

（四）标本样品的采集与编录

在变质岩区测制剖面，要采集大量的标本、样品。如陈列标本、岩石薄片标本、组构标本，定量光谱样品、半定量光谱样品、硅酸盐样品、孢粉鉴定样品、包体测温样品和同位素样品等。

采集的目的，是为了进行室内观测、研究或各种测试鉴定分析的需要，为了解决剖面和图幅内的重大问题、提高剖面和图幅质量。

对采集的标本、样品，要及时贴上胶布，编号、测量、登记在剖面记录表中，回到室内要马上认真整理、上漆、填写标签做到当日事当日毕。作为学生地质实习只要求采集陈列标本，规格为 3cm×6cm×9cm 或 2cm×5cm×8cm。

（五）地质剖面草图的勾绘

实测剖面时，观察员须画实测剖面草图，此图要求形象地反映地形、地质的细节面貌，为室内正式绘制剖面图提供参考，这一工作环节的好坏，直接影响剖面图的质量，要尽量做好。

绘制剖面草图一般在记录簿左页，按一定的比例尺，将地形、地质现象、导线号、地质点、方位变化、接触界面产状、产状要素、标本号等表示出来即可，对重要的地质现象，可将比例尺放大表示。这项工作必须在野外实地进行并完成，在室内只对其着墨，不允许任意修改和补充（具体作图方法参见本章第一节）。

三、实测剖面的室内工作

它包括对施测剖面的地质资料整理，有关数据的计算，研究分析各种资料，编制实测剖面图和建立地质事件序列（图表）或综合剖面柱状图。叙述如下：

（一）剖面地质资料的整理

1．原始资料的整理

主要是对各种原始图件、野外记录本、剖面草图有关数据的着墨；核查原始记录与图表之间是否一致，有无遗漏，写出当天测制剖面的小结等。对标本样品要进行清点、涂漆并与记录核对，填写标签。此外还要在上次标本的上漆部写上编号（按原先胶布上的编号）。

2．剖面施测结束后地质资料的整理

完成某一剖面的施测后，就要在以前整理的基础上及时进行室内资料的整理工作，其内容如下：

（1）对标本、样品进一步整理包装、按要求填写送样单，外送分析鉴定，以便尽快得到检测报告。

（2）根据剖面原始资料完成一些计算（如平距、高差、真假倾角换算、厚度）。

（3）分析研究剖面岩性、岩（地）组合（建造）、标志层、查明层序、确定岩（地）单位和填图单位（参见第三章第三节的岩（地）层填图单位的划分的有关内容）。

（4）分析研究剖面露头尺度上的构造要素及特征。如原生示顶构造、次生劈理构造等、多期变形特征及构造事件序列等问题。

（5）初步划分变质带、变质相、变质系。等到各种鉴定报告结果出来后，再做必要充实。

（6）编制有关图件。

（二）基本数据的计算及用途（此项工作方法与沉积岩区基本相同，参见本章第一节）

（三）实测剖面资料的分析

对变质岩区剖面资料进行分析，一定要结合填图资料和各种测试分析鉴定报告结果来综合分析。

1. 成层有序的浅变质岩的实测剖面资料分析：

(1) 研究分析剖面上各小岩性段并将其归并成大的岩性段且以明显的标志区别开来；

(2) 研究原生层理（S_0）与次生构造（S_1 或 S_2）的相互关系，褶皱形态，确定构造叠加或叠加褶皱问题。

(3) 对其原生构造（示顶）、次生构造分析，研究地（岩）层正倒，恢复剖面褶皱形态或构造型式。

(4) 确定填图单位。按填图比例尺要求和区调规范，对剖面具有明显的识别标志（颜色、地貌）、有一定出露宽度、较稳定的标志层（含矿层、石英岩、大理岩）和相同建造的地（岩）层作为填图单位（群、组、段）。若出露宽度巨大，可用标志层分出亚层或段级单位。各填图单位内部不能包含有明显的沉积间断面。

(5) 建立地（岩）层系统。

2. 层状无序中深层变质岩的实测剖面资料分析：

(1) 重点研究分析各种测试资料、变质岩石学、显微构造、同位素测年资料等。

(2) 构造解析资料分析，如叠加式样。

(3) 多期变质作用分析，划分世代和变质带、变质相、变质系。

(4) 变质原岩建造的分析，利用测试鉴定资料作相关图件。

(5) 分析韧性剪切变形带、岩墙群、包体的特征。

(6) 建立变质岩事件序列，利用同位素年龄、变形特征、变质作用等资料绘制图表。

（四）实测剖面图的编制（此项工作方法与沉积岩区基本相同，参见本章第一节）

有所区别的是绘制地质剖面时：

1. 根据产状画出地（岩）层界线、各地质体、断层面、变质带界线等的产状时要注意产状的画法，要考虑变质岩的复杂性特征。

2. 原生示顶构造和小型次生构造用箭头引至图上方，对变质特征矿物、临界矿物用箭头表示在图下方。

3. 用虚线恢复褶皱构造的形态。

4. 对特殊的地质现象可扩大表现（用矢量箭头引出），如基性岩墙、包体等。

第三章　野外地质填图

在经过野外踏勘和野外实测剖面以后，在野外把各种地质、矿产现象用一定的符号勾绘到地形图上的过程称为野外地质填图。这里的地质、矿产现象主要包括各时代的沉积岩、变质岩、岩浆岩及各种褶皱、断裂构造、矿体及各种矿化标志，在野外把这些地质、矿产现象按比例如实地勾绘到地形图上便填制成了地形地质图。通过系统的野外地质填图工作就能够阐明工作地区的各种地层、岩石、地质构造的基本特征和分布情况以及它们与矿产的相互关系，指明找矿方向，指导详细普查和勘探工作，为工农业建设、国防建设和科学研究等提供可靠的地质资料。

野外地质填图的主要任务是进行路线地质调查，研究地质体的空间形态、相互关系和变化，填制地质图。由于分别以沉积岩分布为主、以岩浆岩分布为主及以变质岩分布为主的地区，其岩层的特征及各种地质条件都有所差别，因此，在这些地区填图的方法、内容等虽是大体相同或相似但也有所差别。

第一节　沉积岩区的野外地质填图

野外地质填图工作，包括了观察路线的选择和布置，观察点的标定、观察和描述，野外地质图的勾绘以及各种标本样品的采集和整理等内容。

一、路线的布置

野外地质填图工作是沿着事先布置好的一定的行进路线，在露头或地质体上进行观察的，这种行进路线就称为观察路线。观察路线的密度大小是由不同比例尺的填图精度和要求来确定的。

（一）观察路线的布置方法

布置观察路线的方法主要有三种，即穿越法、追索法和全面踏勘法。

1. 穿越法

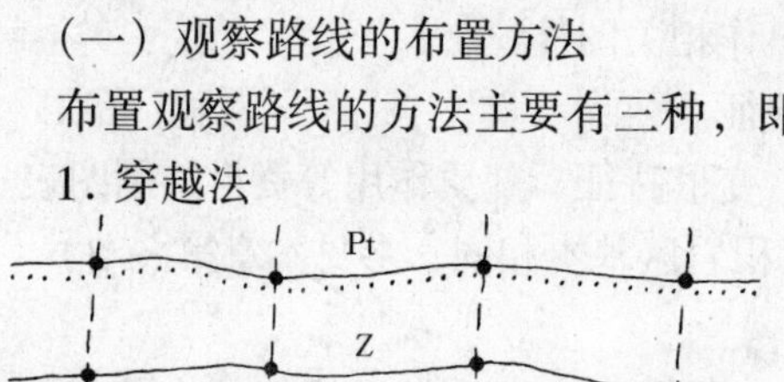

图 3-1　穿越法平面示意图

1—地质时代；2—观察路线；3—观察点

（据卢选元等，1987）

这是一种把观察路线垂直或大致垂直主要地质界线或构造线的走向的布置方法（图 3-1）。

野外工作中，要把沿观察路线上观察到的各种地质、矿产现象标绘到地形图上去。对一些重要的地质现象，如地质界线、断层或矿化点等，还要进行定点观测。在此基础上，在野外实地结合航空照片勾绘地质界线，圈定地质体。

穿越法的优点是工效高，能较快地查明工作区的地质构造或矿产情况，并能比较容易地查明地层层序、接触关系、岩相的纵向变化情况等，因而被广泛应用于 1：200000 和 1：50000 比例尺的地质填图中。穿越法的缺点是对路线间的小型地质体容易漏掉，对地层的岩相、厚度及地质构造的横向变化不能及时查明。而且，填图比例尺越小、观察路线的间距越大，上述缺点越明显。所以，采用穿越法时，常需要结合绘制路线地质剖面图或信手剖面图，或者间距数条路线绘制，以更能直观地反映出观察路线中的各种地质现象，也便于观察路线间的相互对比，确保填图质量。

2. 追索法

追索法是一种将观察路线沿着地质界线或构造线的走向布置的方法。工作中往往是同时追索两条或几条地质界线，所以实际上其路线是大致沿着地质界线"S"形的行进（图 3-2）。这种方法常用在 1：50000 或更大比例尺的地质填图中，往往用于追索一些重要地质现象，例如标志层、岩层接触界线，主要的断层、构造转折端、岩体接触界线和含矿层等。

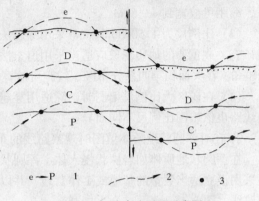

图 3-2　追索法平面示意图
1—地质时代；2—观察路线；3—观察点
（据卢选元等，1987）

追索法的优点是勾绘的地质界线较准确，容易查明地质体沿走向的变化，特别是对确定岩层的接触关系、断层的性质和岩层的含矿特征等是一种有效的方法。其缺点是工作量大，且不易查明地层在其垂直走向方向、地质构造在其垂直构造线方向上的变化。

3. 全面踏勘法

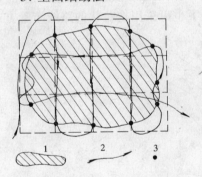

图 3-3　全面踏勘法平面示意图
1—地质体；2—观察路线；3—观察点
（据卢选元等，1987）

这是一种把穿越法和追索法结合起来的方法。其观察路线纵横交错，遍布整个填图区。

在实际工作中，应对全区内每个重要露头都要进行观察研究，尽可能多地获取地质资料。这种方法较多地应用于大比例尺的矿区地质填图中（图 3-3）。

（二）观察路线布置方法的选择

在实际工作中，上述三种观察路线的布置方法经常是结合使用。例如，在沿穿越路线进行观察时，为了解岩层的岩性或岩层间的接触关系在横向上（即沿其走向方向上）的变化情况，往往需要向路线的两侧一定范围内进行适当地追索观察。同样，在沿追索路线进行观察时，为了解地质体纵向上（即沿其垂直走向方向上）的变化情况，往往也需要在路线的两侧作适当的穿越地质体走向的观察。

在地质填图时，上述三种方法的选用及各观察路线的布置密度等的确定，主要取决于地质填图的比例尺，同时还要考虑对填图区的地质构造、岩层、矿产等研究的不同要求，填图区地质构造、矿产的地质条件的复杂程度，对航片、遥感图片的解译程度，基岩的裸露情况，及逾越、通行条件的好坏等因素。

1. 根据填图比例尺选择

（1）比例尺为1:1000000或1:500000时，主要选用的是穿越法。线距一般为10～15km，地质构造简单地区最稀也不超过20km。

（2）比例尺为1:200000时，以穿越法为主，追索法为辅。线距一般为2km，成矿有利地段及地质关键地带要适当加密。对重要的地质矿产现象应进行适当追索。航片、遥感照片解译效果良好，地质构造简单的地区，线距可适当放宽。对通行条件十分困难的地段，在加强航片、遥感照片解译的基础上，线距可放宽到3～6km。在大面积第四系分布区，线距可放宽到4～6km。

（3）比例尺为1:50000时，常采用穿越法或穿越法和追索法相结合的方法。而对于与成矿有关或重要的地质现象应适当采用追索法。在基岩出露良好地区，线距一般为0.5～0.8km。在大面积第四系分布区，线距可放宽到1～1.5km。

（4）在矿区大比例尺填图时，除适用穿越法和追索法以外，还常常采用全面踏勘法。其线路也依填图比例尺不同而异。

2．在对浑圆状地质体填图时观察路线的布置

在浑圆状地质体如岩株状侵入体、浑圆状第四系沉积物及向斜盆地的地质填图中，往往采用设立适当数量的基地或工作营地，并以他们为中心向周围布置梅花状半封闭式的观察路线（图3-4）。

3．在森林掩盖区地质观察路线的布置

在大面积的森林掩盖区，由于坡积、残积物覆盖和植被发育，应着重从岩层的出露情况及通行条件等方面来选择观察路线的布置。一般情况下，应沿分水岭或者是沿沟谷最低部的河道来布置观察路线，因为在这些地方有可能寻找到被水冲刷出来的露头。又由于森林区往往居民点稀少、交通运输困难，通视条件又差，因而往往应该建立工作基地，并以基地为中心向周围布置观察路线。所以，在这种情况下也可采用梅花状的路线布置方式（图3-4）。

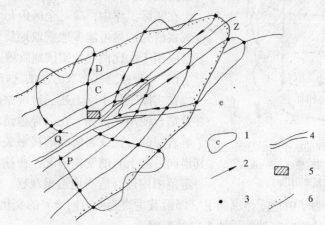

图3-4　梅花状半封闭形观察路线平面示意图

1—地质体代号；2—观察路线；3—观察点；4—水系；5—工作营地；6—不整合

（据卢选元等，1987）

4．在高寒山区地质观察路线的布置

在高寒山区，自然条件较差，地形切割强烈，常常是峭壁林立、雪峰连绵。这种地区

的河谷多为深切峡谷，其上源多与冰川谷相接。在这种自然条件下布置观察路线时，应首先要考虑通行条件。一般情况下，除了沿一些山间小路进行观察外，常沿河谷谷坡下部或靠近河床部位布置观察路线。而在山间谷地，观察基岩的路线则应布置在谷坡较高处，因为山间谷地，特别是冰川谷底部，往往被松散的洪积物或冰碛物覆盖。

5. 在沙漠区或干旱半干旱的丘陵区地质观察路线的布置

在这些干旱地区，由于物理风化和风蚀作用强烈，造成地形与地质构造的关系非常明显，这时可以充分利用航片和遥感照片资料，准确勾绘地质界线。因此，地面观察路线应着重布置在岩层变化较大、地质构造较复杂的位置以及重要地质构造及矿产分布区，对某些重要的地质界线和断层还要注意进行追索。

6. 在平原区地质观察路线的布置

在平原区，地质观察路线可沿较均匀的水系网及道路来布置。同时应注意在广泛发育的第四系覆盖之下寻找岩石露头。

野外地质路线观察要求连续和系统。也就是观察描述不能停留在孤立的点上，而是要将点与点之间的路线进行认真、仔细、连续和系统的观察，并把观察到的地质、矿产情况用文字详细记录在野外记录本中，且用各种符号标定在地形底图上。为加强路线上地质、矿产的研究，提高填图质量，常制作信手剖面图、地质素描图或拍照。

二、观察点的标定方法

野外地质填图时，在岩层露头或地质体上作重点观察描述的地点就叫做观察点，观察点往往布置于观察路线之中。在地质填图中，应把所有的观察点的位置都标定在地形图上，并标注上观察点号，还应将它的位置（包括地理位置和点的坐标）详细地记录于野外记录本中。

(一) 观察点的布置

观察点的布置是以能控制各种地质界线和各种地质体为原则的，一般布置在地层分界处，重要矿层、标志层及化石产出点，不整合面上，断层带及褶皱构造的转折端，各种构造要素及有代表性的产状测量点，取样点及山地工程点，地貌及第四纪地质点，水文地质点等处。

观察点的密度取决于填图工作的精度要求。一般在 1:200000 地质填图中，要求凡是重要的地质界线和矿化（或蚀变）地段均应有一定的点线控制；对第四系及第三系大面积分布区中的前新生代基岩构成的露头，无论其出露范围大小，都要进行点的观察描述，而第四纪的各类成因的沉积物，凡是宽度 200m 以上或面积大于 2km^2 的都要进行观察和描述，但对类型特殊或有重要矿产的沉积物，不论其范围大小，均应进行详细的观察描述。在 1:50000 地质填图中，点距也是以能控制地质界线或地质体为原则，一般在基岩出露区的点距为 300~500m，最大不超过 800m，重要的地质界线和地质体如地层分界线，不整合面、化石带、标志层等，都必须有一定数量的观察点控制；在大片第四系分布区，其线距可放宽至 1000~1500m。

(二) 观察点的标定方法

在野外地质填图时，应把所有的观察点标定于地形图上，并注以观察点号，还应将观察点的位置（包括该点的坐标及地理位置）详细地记录在野外记录本中，对一些重要的观察点，例如重要地质界线点、重要构造点、矿点及矿化点、重要化石产出点等，还应在野外用油漆标明其位置或树立标桩，将观察点号注明于露头或标桩上。

在地形图上标定观察点位置必须力求准确，不得超过规范精度要求的允许误差范围，即一般要求在野外手图的图面上标定误差不能超过1mm。例如在1:10000的野外手图上，标定的观察点的位置与其实地位置之间的误差不能大于10m。

野外标定观察点的方法主要有如下几种：

1. 目估法

这是一种根据野外实地观察到的各种明显的地形地物（如山峰、河流拐弯或交汇、公路拐弯或交汇、小桥、茶亭、土地庙、小的居民点等）的标志，把观察点概略地标测于地形图上的方法。这种方法在区域地质调查中（如1:200000和1:50000等）是常用的，在矿区外围的地质调查和矿产普查时也常采用。在用此法标定观察点时，要求地质人员须具有较丰富的野外工作经验和地形图读图能力，与此同时，如能配合航片，遥感照片的判读，将可提高观察点的标定质量。在山坡上定点时，除寻找明显的地形地物标志外，还应正确地估计该点的高程，才能保证标定的位置正确。此外，要特别注意每日路线中第一个观察点（或沟口的第一个观察点）的标定，因为它往往影响当日（或沟里）的其他观察点标定的质量。

2. 交会法

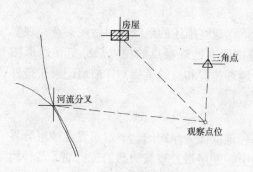

图3-5　交会法平面示意图
(据卢选元等，1987)

在野外地质调查中，常用的是后方交会法。所谓后方交会法是：选择周围三个明显的地形地物标志，在观察点上用罗盘分别测定观察点在它们的什么方位上，然后在地形图上，根据所测方位数据，分别从三个标志点上向观察点引三条方向线交于观察点的方法。具体操作方法是：先找出观察点周围三个特征性的地形地物，并在地形图上找到其相应的位置，然后站在观察点上用罗盘对准三个标志物测定方位（罗盘北端近身，南端指向目标，则读指北针所示方位数字；若将罗盘南端近身而北端指向目标，则读指南针所示方位数字），然后用量角器分别从三个标志点按所测方位度数向观察点引出三条方向线交于一点，此点即为观察点在地形图上的位置（图3-5）。由于测量和作图误差的影响，三条方向线往往不能相交于一点，而是相交成一个小三角形（称为误差三角形）。消除误差的方法一般是根据实际的地形地物在图上予以校正或者用作图法，即作出此小三角形外接圆的圆心，以圆心作为观察点的位置。

交会法常配合目估法用于区域地质调查、矿区外围地质调查和矿产普查中。当观察点附近地形地物不很清晰时，采用交会法可取得较好的效果。

3. 截距法

这种方法是在观察点找到一个明显的地形地物标志，以此为目标，测定观察点相对于它的方位，并目估（可能的话或步测）出它们之间的距离，根据方位和距离在地形图上求得观察点的位置。截距法常配合目估法使用。

4. 导线标定法

这种方法是用已标定的点位或明显的地形地物为起点，向行进方向进行导线目测（或步测）距离，用罗盘测量方位，以此来标定观察点点位的方法称为导线标定法（图 3-6）。

此方法常用于通视条件较差的地区，如在山地森林区或切割较深的沟谷中，由于通视条件不良而无法选用目测法或交会法进行观察点标定时，只能采用导线标定法。本方法的缺点是误差较大，而且不易校正。

5. 仪器法

这是一种采用经纬仪或平板仪把观察点标定于地形图上的方法。该方法一般用于矿区大比例尺地质填图。采用这种方法时，要求将各个观察点在野外树立标志，打桩、油漆编号，然后由专门人员施测。采用仪器法定点，能确保观察点位置的精度。

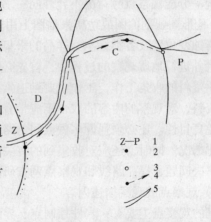

图 3-6　导线标定法平面示意图

1—地层时代；2—已标定的点；3—导线法标定的点；
4—导线及导线点；5—水系
（据卢选元等，1987）

6. 利用 GPS 全球定位系统方法

利用手持式 GPS 全球定位系统，这种先进仪器在野外可方便和精确地标定地质观察点的位置。有条件的情况下可予以采用。

三、观察点的观察和描述

（一）观察点的一般工作程序

1. 观察研究观察点附近岩石露头，确定露头类型（露头包括天然的和人工的）和露头的可靠性和风化作用的程度（露头好不好，如是人工露头，是采石场或公路陡壁、或是探槽、浅井等），这将决定该观察点视野范围及资料的可靠程度。

2. 观察研究观测点附近的地层特征、古生物特征及地质体的岩石学特征。

3. 观察研究观察点附近地层及各类岩石间的接触关系。如角度不整合接触、平行不整合接触，断层接触、侵入接触、沉积接触等。

4. 观察研究观察点附近的褶皱、断裂构造的特征。

5. 观察研究观察点附近的矿化现象，蚀变带及矿体特征。

6. 测量各种产状要素和有关数据，如各地层产状、断层产状、节理产状、劈理产状、不整合面产状、侵入接触面产状、侵入岩的流线、流面产状和捕房体产状、矿脉或矿体产状等。测量某些数据，如：岩石中矿物颗粒大小、砾石大小、岩层厚度、断层带的出露宽度、节理及劈理的密度、矿层或矿脉的长度和宽度等。

7. 观察研究观察点附近的地貌及第四纪地质、水文地质的特征。

8. 绘制地质素描图、勾绘信手剖面图或作必要的地质摄影。

9. 采集各类标本、样品。

10. 在观察点作经过上述观察研究后的详细的文字记录和描述。

11. 把观察点的位置标定于地形图上，并注明观察点的点号。在一个工作区范围内，观察点号必须按顺序统一连续编号。若有数个作业组在同一工作区同时工作则必须在野外工作前统一分配观察点号，决不允许同一工作区内有重号现象发生。

12．地形图、剖面图或地质素描图上用规定的符号标定各类地质矿产的产状要素、矿化和围岩蚀变位置及各类标本、样品的采集地等，并在野外实地勾绘地质界线。

在野外进行地质观察的过程中，首先必须坚持严肃认真、实事求是的科学态度，要重视第一手资料的收集工作，工作中要勤追索、勤敲打、勤观察、勤测量、勤编录，要客观地搜集资料，对观察的内容的取舍不应带有主观的随意性。其次在工作中必须遵循客观规律，避免盲目性。还必须强调多做点间的路线观察研究，以了解和掌握各种地质现象在点间的变化情况。同时，还应对收集到的有关资料和数据进行及时的综合分析，以及时发现问题和解决问题，提高路线和观察点调查研究的预见性和主动性。

（二）观察点的观察描述内容

常见的观察点主要有：岩性控制点、界线控制点、构造点、矿产点、地貌点、第四纪地质点及水文地质点等。对观察点描述的内容不能限于一个点，而应包括观察点及其附近一定范围之内的所有地质现象。观察点的类型不同，描述的内容应有所侧重。

野外工作中必须将观察研究的各种地质、矿产情况及时地用文字或地质素描图或照片等记录描述在野外记录本上。野外记录本是极其重要的野外原始资料，必须认真、细致地记录，严密妥善地保管。记录的内容原则上应包括所见到的全部地质现象，对重要的或首次观察到的地质现象要详细描述，对一般的或多次见到的地质现象，前面已描述过的内容可以简略一些，着重记录其出现的特殊性或其变化情况，做到文字准确充实、重点突出、主次分明。同时野外记录中也可适当记述观察者对客观现象的分析、判断、推理和综合归纳的内容。每条路线结束，应做路线小结。

野外记录本上不允许随便涂改，更不能把行政事务记入其中。当记录内容需要修改时，绝不允许将其任意擦掉或涂改，而只能将原内容划去而另加批注。必须保持野外记录本的整洁、美观，书写要工整，字迹要清晰。野外记录本是专门的地质矿产资料，一般使用 H~3H 铅笔书写，不允许用圆珠笔或钢笔记录。

各类观察点的主要描述内容如下：

1．岩性控制点

岩性控制点随所控制的岩性不同，描述的内容也不一致，但其共同的内容是：岩石的颜色（包括原生色和次生色）、物质成分、结构构造、产出状况及其形成时代等。对于沉积岩还应描述：层面特征、层理、层厚、沉积旋回、化石及其种类、岩相及其变化等，对标志层及含矿层等特殊岩层应单独描述。对火山岩应描述：岩石类型、喷发韵律和喷发旋回，沉积夹层的情况（特别注意其中的化石。化石的存在，是确定其地质时代的有力证据）。注意区分次火山岩和喷出岩，研究其喷发类型和顺序，研究和划分火山岩相、火山建造和火山机构、找矿标志和矿化特征。对侵入岩除描述岩性特征外，还应描述：捕虏体和析离体的分布、原生流动构造（流线和流面）、原生裂隙、其边缘的接触变质和各种蚀变现象以及同化、混染和分异等现象。对变质岩还应描述：岩石类型，区分变质带和变质相，原岩特征和残留构造特征等，并注意其含矿性。

2．地质界线点

地质界线点包括整合或不整合分界点、侵入接触界线点、岩性和岩相分界点、不同地质体分界点、变质带分界点等。对地质界线点的描述应包括其两侧的岩性特征、变质特征、产状特征、褶皱和断裂等构造特征。对不整合界线应描述不整合的依据及其不整合类型。对岩体接触关系点的描述应包括接触关系（如沉积接触、侵入接触、断层接触关系等）的依据。对岩体侵入接触点的描述应包括：侵入产状、侵入先后期次、内外接触变质现象及交代蚀变现象、岩相、变质带和变质相的划分及接触带附近的含矿特征。

3. 构造点

构造点包括褶皱、断层、节理、壁理、面理及线理等不同的地质构造点。构造点的描述内容：包括各种地质构造的形态、类型规模、产状性质、生成次序、形成时代及其组合关系，地质构造与沉积作用、岩浆浆活动、变质作用及成矿作用等关系。

4. 矿产点

矿产点包括矿点、矿化点、矿化线索点及采矿场、老窿、有意义的物化探异常点等。

矿产点的描述应包括：含矿岩系或与矿化有关的岩相带、变质带等的特征，矿层，矿体或矿化现象的分布范围、产状、形态及其在地表的延伸特征；主要矿石的矿物成分、结构构造、矿石类型、有益组分和有害杂质；并注意其找矿标志和远景等情况。

5. 第四纪地质点

第四纪地质点的描述包括：沉积物的层序、沉积物的特征、厚度及其变化规律、分布特征、成因类型、相对地质年代、与老地层的接触关系、构造变动和新构造运动，沉积物中的矿产、古风化壳、古土壤、古文化层（包括古人类化石和文化遗迹）等。

6. 地貌点

地貌点的描述包括：地貌的形态特征和分布状态，地貌与地质构造、岩石性质之间的关系及地貌的发展史等。

7. 水文地质点

水文地质点应包括井、泉及温泉等观测点。其描述包括：有关的含水层岩性、厚度、产状、埋深、分布范围等，对地下水的补给情况、岩石的富水性及地下水的水质也应作适当的描述。

在地质调查时，还应注意收集地震、地热、旅游地质、环境地质等方面的资料。在观察描述时还应作必要的地质素描图、信手剖面图等。对矿点（矿体）应作大比例尺的地质草图，适当采集标本和样品。

（三）观察点描述的格式（图 3-7）

目前在国内通常是把观察点的描述记录在野外记录本上的。现将利用野外记录本进行观察描述的格式和要求介绍如下：

记录本左页为厘米方格纸，供绘制地质素描图及信手剖面图等使用。右页则作文字记录和描述之用。每天开始记录的项目包括工作日期、天气、观察路线的编号及路线的起讫点和途经地点，并说明工作任务和参加调查的人员等。每个观察点记录的项目包括观察点的编号、位置、坐标、露头性质、点性，接着详细描述观察点附近的地质、矿产等方面的内容，同时记录各种测量数据、各种标本和样品的采集地点和编号等。在点与点之间还应做点间路线的观察和描述。

每天路线工作完毕，应进行适当整理和路线小结。每本野外记录本用完以后，需在记录本前面的空页中编写目录。目录中分别列出观测点的点号、性质、标本样品采集点的编

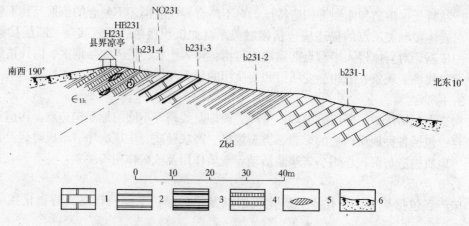

黄家源南西约 450 米公路边信手地质剖面

1—白云质灰岩；2—页岩；3—炭质页岩；4—硅质岩；5—磷结核；
6—第四纪坡积物

1985 年 *7* 月 *12* 日　　星期 *一*　天气 *晴*

地　点　上饶朝阳基地

路线：自基地到蔡家、经黄家源，返回基地。

任务：地质填图，着重解决寒武系与震旦系的接触关系

参加工作人员：记录 黄强辉；掌图；张志民；

采集员：李伟

点号：231　　　　　位置：黄家源南西约450米公路边

座标：X3146⁵⁵ Y3960⁹⁰　露头性质：天然良好

点性：控制震旦系与寒武系界线 ∈₁h／zbd

Zbd　点北震旦系上统灯影组。自下而上为（见左页信手剖面）：

1. 下部为肉红色、灰白色厚层状白云质灰岩：……
   采集薄片标本：白云质灰岩　b231－1

2. 中部为黄绿色中厚层状页岩：……
   采集薄片标本 黄绿色页岩　b231－2

3. 上部为灰白色中厚层状白云质岩夹炭质页岩：……
   采集薄片标本：炭质页岩　b231－3

地层产状：230°∠35°

∈₁h　点南为寒武系下统荷塘组含炭硅质岩夹薄层灰岩及磷

结核：……　采集薄片标本：含炭硅质岩　b231－4

采集化学分析样：含磷结核　H231（拣块法）

采集化石标本：海绵骨针　HB231

地层产状：234°∠33°

荷塘组与灯影组为平行不整合接触。……

自231点至232点：沿途所见……

图 3-7　观察点描述的格式

（据卢选元等，1987）

38

号等，并注明它们所在的页码。记录本封面上还应贴上编录标签，注明其统一编号及所包括的点号数，以便于查阅。

四、野外地质界线的勾绘和野外综合地质图的编制

（一）地质界线的野外勾绘方法

地质界线包括：地层分界线、岩相分界线、不整合线、各类断层线、侵入接触界线、矿层或矿脉界线等。地质填图时，要求在野外实地将各种地质界线勾绘在地形图上，决不能离开实地而凭记忆或凭想像进行"闭门造车"。

在野外填图时，如采用的是追索法或全面踏勘法则可基本沿地质界线追索，在实地将地质界线勾绘于地形图上。如采用穿越法，则要根据相邻两条观察路线上相应的界线控制点，在高处视野宽广的地方实地联结地质界线。在区域地质填图时，由于线距较大，相邻两条路线并不能够通视，这时应在野外利用岩层露头出露规律和利用航空照片或遥感照片的解译信息进行地质界线的勾绘。

地质界线在地形图上的勾绘是有其规律可循的。下面介绍几个主要规律：

1. 水平产状的地质界线：地质界线与地形等高线平行或重合，其界线的形态完全取决于地形。

2. 直立产状的地质界线：地形图上，地质界线沿走向永远是一条直线，完全不受地形的影响。

3. 倾斜产状的地质界线：当地面很平或地形图比例尺很小时，它在地形图上也是一条直线，其延伸方向即是走向，只有走向发生改变时，地质界线在图上才发生弯曲。当地形起伏且地形图为中、大比例尺时，则倾斜产状的地质界线在地形图上为弯曲呈"V"字形，并呈一定规律的弯曲，一般称之为"V"字形法则。其主要内容为：地质界面的倾向与地面坡向相反时，则地质界线与地形等高线弯曲一致，但沿地质界线从沟中到山脊等高线标高逐渐增高。地质界面的倾向与地面坡向一致时，有两种情况，一是若地质界面的倾角大于地形坡度角时，则地质界线与地形等高线的弯曲相反；二是若地质界面的倾角小于地形坡度角时，则地质界线与地形等高线弯曲一致，但沿地质界线从沟中到山脊等高线标高逐渐降低。

上述规律常运用于对地层分界线、不整合界线、各类断层线及矿层界线的联结和制图中。而在对岩相分界线、侵入接触界线、变化的矿脉界线的联结和褶皱地区的制图时，由于这些地质界线常常变化较大，而不能硬套上述规律，应根据实际情况参照航片、遥感照片等，在野外实地勾绘。

在进行填图时，要注意勾绘地质界线的技巧。总的要求是线条要清晰圆滑，界线切割关系要清楚明了。其中尤其要注意地质界线的切割关系，如不整合界线、晚期喷出岩或侵入岩体的边界线等，它们常覆盖或截断较老的地质界线；后期的断层线不仅可以切割地层、岩体及岩相界线，也可以切割早期的断层线。因此，当图面上新的地质界线较多时，原则上应先勾绘较新的地质界线或晚期的断层线，后勾绘较老的地质界线或早期的断层线。在野外勾绘地质界线时，一般采用 HB 铅笔，断层线用红色铅笔。当一个阶段工作结束后，应对图面结构和各种地质界线进行检查，无误后方可将其着墨。

在野外填图工作中，各野外作业组在实地勾绘的实测手图称为野外手图。野外手图同野外路线记录都是野外第一手实际材料，是图示化的野外记录。在沉积岩地区，野外手图

上除表示各种填图单元、地质界线、构造要素、地质点和路线以外，还要尽量准确地反映各种特殊形态、成因、成分的标志层，含矿层，小地质体，岩性变化、成岩变化的展布情况，分布范围有限、厚度很薄的标志层也不要漏掉。重要的地质现象、层理特征、环境标志、实测剖面、各种采样点、产状要素、用于填图的探槽、浅井、钻孔、植被、地貌等特征和航片的解译标志等，均可标在图上。总之，凡是野外记录中的各项内容，在野外手图上都应能找到其相应的"位置"，这样才能真正达到填图的目的。对于在野外手图上不能表示的重要矿化及地质构造现象，应测绘大比例尺的平面图、剖面图、素描图或摄制照片。

（二）野外综合地质图的编制

如果在一个填图区有多个作业组同时进行工作，各作业组均应将自己的填图成果及时地由野外手图上转绘到统一的地形图上，此图就称之为野外清图即为野外综合地质图，这是重要的原始资料。

野外综合地质图的比例尺一般与野外手图的相同而比填图比例尺更大。我国 1：200000 的地质填图一般选用 1：50000 地形图为其底图；1：50000 地质填图则一般选用 1：25000 或 1：10000 地形图为其底图。

野外综合地质图的内容除包括一般地质图的内容外，还应反映工作区各种实际资料、实物工作量和较多的地质矿产要素。具体内容包括（参看图 3-8）：

1．观察点及其点号，观察路线及其编号，各种标本和样品的采集地点及编号，动、植物化石的产地。

2．各种地质界线、地质体及其产状，包括地层界线、不整合线、侵入岩体与围岩的接触线、蚀变带界线、变质带界线、各种断层线、矿层和标志层等，注明其产状和代号，或用色谱表示。

3．矿点及矿化点位置、矿区范围、矿脉及矿层的分布、产状和各种近矿围岩蚀变及其找矿标志。

4．钻孔、坑道、浅井、探槽等各种探矿工程的位置及其编号，以及勘探线及实测地质剖面线的位置及其编号。

5．井、泉、各种洞穴位置及一些特殊地貌形态符号。

6．一般地质体须达到一定规模才予以表示，其要求与正式图件一致。在 1：50000 填图中，只标定直径大于 100m 的闭合地质体、宽度大于 50m 长度大于 50m 的线状地质体及长度大于 250m 的断层、褶皱构造等，对小于上述规模但具有特殊意义的地层、含矿层、标志层、岩体、断层、有意义的岩脉等可适当放大或归并表示，基岩区内面积小于 0.5km^2 和沟谷中宽度小于 100m 的第四系在图上不予表示，按基岩表示。

野外地质填图时，为了保证与相邻图幅接图时相互扣合和保证资料可靠，应在图幅边界再向外填出一定的范围。一般在 1：200000 填图时，应向边界以外追索填出 1.5～2km；在 1：50000 填图时，一般应向边界以外多填 0.5km。在野外可视具体情况灵活处理。

五、野外标本、样品的采集和整理

在野外地质填图工作中，必须采集各类标本和样品以供室内鉴定和研究或送交有关部门进行分析和鉴定，以便保证填图工作的质量和效果，因而这是一项重要的工作。地质填图工作对标本、样品的采集有一定的要求。为满足这些要求，取样时，就必须采用相应的取样方法，并要按一定的规格和数量进行采集。

在野外采集标本、样品后，应将其采集位置、编号、数量等情况记录在野外记录本上

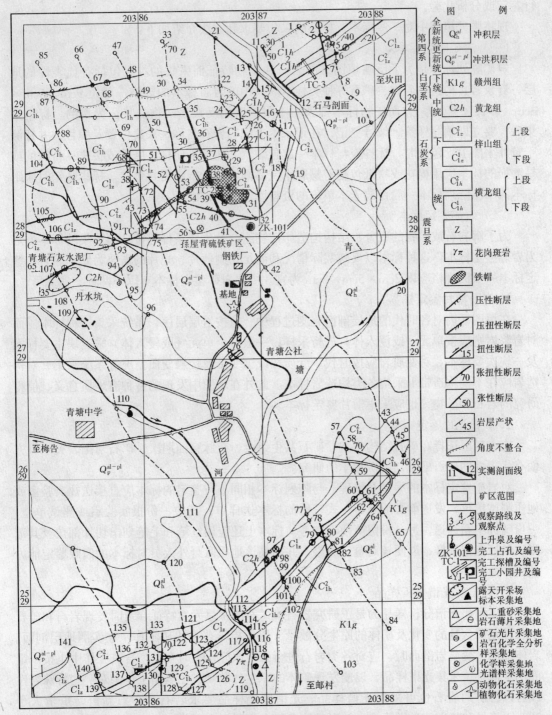

图 3-8 1:50000 地质调查的野外手图的主要内容及格式

（采用1:25000简化地形的水采图为其底图）

（据卢选元等，1987）

或专门的登记本上，并且要标测于野外手图或地质素描图中，然后进行统一的编号、填写标签、包装、填写送样清单等。最后装箱邮寄或派专人送到有关地质实验室或测试部门进行鉴定或分析化验。

现将野外填图中对一些标本、样品的采集要求和方法介绍如下：

（一）岩矿陈列标本

岩矿陈列标本是为了反映填图区的岩石和矿物特征而采集的。它包括有代表性的地层、岩浆岩、构造、矿物、矿石等种类标本。其中的岩石标本的规格一般是 9cm×6cm×3cm（即长×宽×厚），而矿物标本则大小不限，以能反映该矿物的特征为目的。标本采集后，要立即填写标签、编号登记，在记录本上记明岩石名称、采集位置及编号，并标测于野外手图上。包装时，标签应与标本一起包装，并注意不使标签磨损或丢失；特殊的或易磨损的标本应用棉花或软纸包裹；易脱水或易潮解的标本应密封包装。标本装箱时应附标本清单。陈列标本一般存放于本单位的资料库或陈列馆中。

（二）岩矿鉴定标本

为了解岩石或矿物的成分、结构构造、矿物组合及生成条件等特征而采集的标本称之为岩矿鉴定标本。这种标本以反映实际情况和满足切制薄片、光片的需要为原则。岩矿鉴定标本一般的规格应以 2cm×5cm×8cm 为宜。主要岩矿鉴定标本有以下两种：

1. 岩石薄片鉴定标本

在填图区内对各时代的地层剖面施测过程中，应按岩层层序，系统采集这种标本。而对岩浆岩则应按单元（或侵入体）进行采样，一般一个单元（或侵入体）采三块主要标本及一块次要标本，对变质岩应按时代、变质相或蚀变带及接触变质情况等系统采集；对构造岩应在不同构造带上采集各类构造岩标本。此外在填图中发现的各种有地质意义、值得研究的岩石和矿物，也应采集薄片鉴定标本。

2. 矿石光片鉴定标本

应在矿区选择在矿石结构构造、矿石共生组合、矿脉穿插期次、矿石与围岩关系等方面有代表性的矿石标本，供矿相学的研究。

对岩矿鉴定标本的编录和整理，与陈列标本相同。待鉴定的标本应直接送往实验室或地质测试单位，发送前必须填写一式三份的标本送样单，其中一份报实验室或测试单位，一份随标本箱运送，另一份留队便于查考。标本上还应用红笔和毛笔划出切片部位及其范围，最好能留副样，以便核对鉴定成果，并提高该地质队野外人员对标本的肉眼鉴定能力及统一命名。

（三）岩矿光谱分析样品

采集岩矿光谱分析样品为是了研究岩石或矿石的微量元素特征，及时发现岩石和矿石中各种元素含量的变化及矿体的原生分散晕，以便指导普查找矿工作。在实测地层剖面、岩体剖面、变质岩剖面时，应对各类岩石进行系统取样，有时在矿产普查工作中也按一定测网全面系统采集光谱样品，以便发现矿体的原生分散晕。在填图工作中对一些特殊岩性或可以含矿的岩石也可采集光谱样品。光谱鉴定样品要求岩石和矿石新鲜，重量大于200g。编录和整理、送样要求，与岩矿鉴定标本相同。光谱分析包括全分析及简项分析二种。全分析一般适用于各类剖面中系统样品采集研究，或工作开始时对测区进行地球化学特征研究。简项分析是在矿产普查工作中或对岩石的含矿性进行研究时应用。光谱全分析的分析项目包括：Be、As、B、P、Sb、Ge、Ta、Al、Mn、Pb、Sn、Mg、Si、W、Ga、Yb、Nb、Fe、In、Bi、Ti、Mo、V、Y、Li、Cd、Cu、Ag、Na、Zn、Zr、Co、Ni、Sr、Ca、K、Cr、Ba 等元素。简项分析项目则依据需要而选择。样品一般送地质队实验室。为保证工作质量，有时还选送一些样品到中心实验室进行外检。

（四）硅酸盐分析样品

硅酸盐分析样又称岩石全分析样。它是为了全面分析岩石的化学成分，从而研究地质体的物质组成及其经历的物理化学变化过程而采集的。一般应用于岩浆岩、火山岩及深变质岩的剖面研究，有时也应用于沉积岩。采集的岩石一般要求未受风化、未受蚀变的极为新鲜的原岩。采样方法通常是拣块法，样品重量约为 2kg。实际工作中往往将岩石化学成分的研究与岩石矿物成分及微量元素的研究结合进行甚至与重矿物研究相结合。因此，在硅酸盐分析样样品采集的同时，还将采集岩矿鉴定、岩矿光谱和陈列标本，甚至采集人工重砂样等。编录、整理及送样要求与岩矿鉴定及光谱样相同。主要分析项目为：SiO_2、TiO_2、Al_2O_3、Fe_2O_3、FeO、MnO、MgO、CaO、K_2O、Na_2O、H_2O 等，在时为了专门研究的需要，还应分析出 P_2O_5、ZrO_2、Cr_2O_3、NiO、BaO、SrO、Li_2O、F、Cl、S、CO_2 等。分析样一般送有关的地质测试中心。

（五）人工重砂样品

人工重砂样品用于鉴定岩石中的重矿物成分、含量、晶体形态及共生组合等特征，从而研究岩石的含矿性、岩石成因类型、岩石对比。对于古砂矿、岩浆矿床及风化壳型矿床，人工重砂方法又是一种直接的找矿手段，并可确定其矿石品位。用于岩石学研究的样品，一般应当是未遭受风化、蚀变、交代的新鲜岩石。采样方法可用拣块法、刻槽法，剥层法，样品重量要求在 10～20kg 为宜。用于找矿或矿床评价的样品，可采用刻槽法或全巷法。除采集原岩中样品外，根据需要有时还将在风化残积层中采取，样品重量按矿物分布均匀程度不同而定，一般为 20～30kg。在人工重砂样采集的同时，通常还要采集岩矿鉴定、岩矿光谱及陈列标本等。同时，应做好综合观察和编录工作。采集的样品可以直接送交地质实验室，也可以在野外进行初步粉碎淘洗后，再送交地质实验室精淘和分析鉴定。

（六）古生物化石标本

古生物化石标本的采集，是为了确定地层时代、划分和对比地层，并进行沉积岩相、古气候、古地理的研究，一般应在测制地层剖面时逐层采集。在路线地质调查过程中，只是在可能保存化石的层位，注意寻找化石。野外所采集的古生物化石标本，要求尽量采集得齐全，要注意收集古生物的赋存状态、形态大小和相对数量方面的资料。化石应分层采集、分层编录，并把上述收集的内容记录于剖面记录表或野外记录本中。化石点位置应标定于地层剖面图或野外手图上。野外遇有完整的大型古脊椎动物化石，应先拍照、素描、进行描述和逐块编号后再行采挖。如果自己发掘无把握，可保护好现场，报请专业单位处理。在采集第四系中的化石时，如发现文物或文化遗迹，不要自行挖掘，以免损坏，应当报告文物管理部门处置。采集标本的大小规格，一般视化石大小而异。所采的标本在野外应作初步鉴定，确定其所属门类，并初步鉴定到属或种，再用棉花或棉纸将其保护并包装好，直接送古生物研究单位，进行详细鉴定。

（七）孢粉鉴定样品

孢粉样品的采集，是为了进行微体化石的研究。目前，这方面的研究对地层划分和对比以及确定地层的时代都起着积极的作用。一般多用于地层较厚、动植物化石较少的前寒武纪地层及中新生代地层。采集的孢粉鉴定样品，要选择有利于保存孢粉的岩性。如碎屑岩中的粉砂岩、页岩、砂质页岩，化学沉积岩中的碳酸盐岩和硅质岩，含有机质的岩石，红层中的浅色、绿色、黑色夹层，砾岩中的胶结物及某些千枚岩、板岩等浅变质岩。采样主要在地层剖面中按顺序逐层采取。路线调查时，也只是对某些地层作适量采集。采集时按一定的间距进行，原则上在有利于赋存孢粉厚度较薄的岩层中进行，在地层分界线的上下应加密采集；在不利于孢粉赋存的夹层中，可适当放宽采集，甚至可不受采样间距限制。通常在厚约 10m 的单一岩层中，仅在其上下界线处各取一个样，中部大致以相等间距取 1～2 个样；在厚约 100m 左右的单一岩层中，可在上下界线处以 3～5m 间距连续取 2～3 个样，然后以 10m 间距在中间部位采集；在厚 1000m 以上岩性基本相同的岩层中，可在相邻层位交接处以 5～10m 间距连续取 3～4 个样，余下的以 30m 间距连续取样。野外所采样品要求岩石新鲜，未受风化，样重 0.5～1kg。采集方法可用拣块法或刻槽法。样品应保持其纯洁性，严防上下层位样品混染。每个样品都要用清洁、坚实的纸包装好，或置于密封容器内。采样后，将采样位置标定于剖面图或野外手图上，并作好登记和编录。然后填写好标签，送交专门孢粉鉴定单位进行分析鉴定。

（八）同位素地质年龄测定样品

这是利用放射性同位素的方法来测定地质体的时代而采集的样品，常用的测试方法有以下几种：

1. 钾-氩（K-Ar）法

这种方法主要测定各种富钾矿物和岩石。这种方法特别适用于年轻岩石的样品（如中新生代的地层或岩体）。钾氩法的优点是含钾矿物分布广，易选，测定速度快而经济。缺点是易受各种后期叠加作用的影响。

适用于钾-氩法测定的矿物有云母类（黑云母、白云母、锂云母、金云母）、钾长石类（微斜长石、正长石、透长石）、角闪石、辉石、石榴石、霞石、海绿石等。常采集的岩石有中酸性及基性岩浆岩、黏土岩类、浅变质岩类以及较年轻的火山岩类。当上述岩石矿物不易挑选时，可采全岩样，但一般全岩样测定的年龄值会偏低，它只能代表地质年龄的上限。

2. 铀-钍-铅（U-Th-Pb）法

这种方法比较适合于老年龄岩石样品的测定（如古生代、元古代、太古代等地层或岩体）。铀-钍-铅法的优点是内部可校正、资料可靠性较强。缺点是所需矿物分布含量少，因此采样及选矿的工作量较大。适用于铀钍铅法的矿物有晶质铀矿、非晶质铀矿、钍铀矿、钍石、方钍石以及花岗岩中的副矿物，如独居石、锆英石、褐帘石、磷钇矿、铌钇矿、榍石、易解石、黑稀金矿等。上述矿物可在人工重砂样品中选取。

3. 放射性碳（C14）法

此法能精确测定出最近 5 万～6 万年发生事件的年代，因而在第四纪地质学、古人类学、土壤学等方面广泛应用。

采集样品应在摸清地质条件的情况下进行，要有明确的目的性和合理的代表性，除专门研究蚀变和形变等作用时期外，一般所采集的样品必须是未受风化的新鲜岩石，并且未受蚀变、交代和同化混染作用的岩石和矿物。矿物中应不含副矿物包裹体。要注意，不可在构造破碎带中采样。一个样品必须来自同一露头的相同岩块上，严禁用混合样。所选样品必须经过分选和加工，为了防止放射性物质的带出和带入，样品的分选加工不宜采用化学方法，应尽量采用物理和机械方法。单矿物要经挑选，其纯度应达98％以上，并经蒸馏水或酒精洗净、烘干（一般温度不超过120℃，其中选海绿石时，温度不得超过50℃）。

样品重量，钾-氩法对云母类单矿物样品的所需数量决定于样品的年龄和测氩方法。采用体积法时，样品推断年龄如果为太古代，需云母类单矿物数量3～4g；年龄为元古代，需8～10g；年龄为古生代需10～15g；年龄为中生代，需25～30g；年龄为新生代，需40～50g。采用稀释法时，只需体积法用量的十分之三左右即可。海绿石单矿物量同云母类量。长石类矿物量可略低于云母类量。角闪石类量为云母类的三倍。辉石类量为云母类的4～6倍。钾-氩法野外所采岩样重量决定于单矿物的含量，一般采直径约20cm的岩块，岩样总重约数千克至数十千克即可。

铀-钍-铅法所需单矿物数量，晶质铀矿、沥青铀矿、钍石等矿物要求送样0.5g；锆英石和独居石1～2g；磷灰石2～4g。并要求同时采集共生的方铅矿（0.1g）或长石（10g），以便进行普通铅校正。铷-锶法所需单矿物量应大于6g。

样品采集后应在野外及时编录，登录于野外记录本上，并标定于野外手图上。

每送一个同位素年龄样品，都需写好送样说明书，一式三份，一份存送样单位，一份报国土资源部备案，一份送测试单位。说明书应包括下列内容：

（1）样品编号；

（2）样品名称及重量；

（3）详细标明采集地点：_____省（市、自治区）_____县_____乡_____村方向距离_____m并注明经、纬度；

（4）采样地点附近有何地质年龄数据；

（5）采样目的（要求测成岩成矿时代、蚀变时代还是变质时代等）；

（6）要求用何种方法测试；

（7）采样单位、采样人、采样日期；

（8）应附采样地区、中小比例尺地质草图及有关的剖面图和素描图，并分别在图中标明取样点附近的重要居民点、地物和采样点的确切位置；

（9）要说明区域概况、采样点的地质简况，包括岩层或岩体的产状与相邻岩体或围岩的关系，地层层位及其他地质特征等；

（10）推断采样点地质体的地质时代及依据；

（11）说明被测岩石或矿物的岩石矿物学特征有无蚀变、交代、破碎和挤压情况，以及放射性矿物包体含量等，最好附有关照片和手标本；

（12）分析报告或其他说明样品组分的资料；

（13）样品加工分选流程。

（九）定向标本

在目前沉积岩区一比五万地质填图中，要求岩（矿）石标本均应定向。对进行组构测量的标本不仅要注明上、下，还要注明其倾向和倾角。

采取定向标本的目的，是为了能在室内恢复其野外产状，以便能进一步观察和测定在野外条件下难以获得的构造要素，如线理、劈理、擦痕及其他定向组构等，并且为岩组分析准确确定切制薄片的方位，以及被测定薄片本身的产状。

野外采集标本时，先在露头上准确标明定向符号，然后再打下标本。选择的定向面可以是岩层层面、节理面、片理面、断层面及其他矿物定向排列面。在这些面上直接标示出其产状要素符号，并在走向线两端和倾斜方向顶端标明其方位，并标明岩层倾角和注明上、下面。标产状要素的面要求不小于 20cm×20cm，必要时也可利用人工修的平面。所有上述标绘的定向线、精度误差不得超过 1°。在定向划线前，不得锤击露头使其位置发生变动。取构造定向线尽可能测定轴的指向。切制定向薄片时，一般应垂直于 b 轴，或垂直于片理等定向结构面的走向。对岩组分析定向标本在野外应及时将采集方法、定向面产状要素或方位记录于野外记录本中，并标定于手图上，在填写送样单后立即送专门地质实验室研究测定。

（十）化学分析样品

化学分析样品是为了分析矿石中的化学成分，确定有用组分及有害组分的含量，确定矿石质量和区分矿体与夹石或围岩的界线，评价矿床的工业意义。取样方法、要求及分析项目视矿种及矿石类型不同而有专门的要求，详见专门矿产工业要求。一般在地质调查中的矿点检查或普查评价，采用连续拣块法及刻槽取样。样品重量约 2kg。野外将采样情况登录并将样品位置标定于野外手图上、填写送样清单后，即送交地质实验室分析化验。

（十一）煤岩鉴定样品

煤岩样品是为了了解煤的物质成分、煤岩结构和组分含量，研究煤的成因、煤层对比标志、煤的变质程度和煤的工艺利用性能等。样品应避免在断层附近及对煤质有影响的侵入体附近采集。煤岩样必须在新鲜露头上采取，取样方法可以垂直煤层连续拣块或刻槽取样。样品采集后应该立即装于备好的采样箱内，并且妥善密封包装好，注明顶底板及编号。送样单应附有 1:100～1:200 比例尺的素描图或采样柱状图。采集煤岩样的同时，最好也能采集煤的化学分析样，以便相互验证。

第二节　花岗岩类区的野外地质填图

花岗岩类区的野外地质填图，其目的和任务主要为：圈定花岗岩类出露范围，详细分解花岗岩类深成岩体，划分出不同侵入体及不同相带、不同蚀变带、不同接触变质带；寻找并研究花岗岩类和不同时代沉积岩、变质岩以及各花岗岩侵入体间的接触关系；系统地收集各花岗岩侵入体的基本特征及可作为单元、超单元（或序列）划分和对比的各项标志；进行组构、包体、节理、斑晶等的测量和统计；填制和研究区域性或局部性的地质构造；实地对照和检查前人资料的可靠程度。进一步确定可以引用的前人资料；对与花岗岩类有关的矿产进行必要的初步调查研究和样品采集等工作；较系统地采集岩石标本及岩石薄片、岩石光谱鉴定、分析样品，对已初步确定的单元（或独立侵入体）、超单元（或序列）代表性地采集岩石化学、人工重砂、稀土元素分量、同位素年龄等分析样品。

系统填图前的野外统一认识，在花岗岩类区填图中很重要。统一过程中，不但要统一地质单元的划分标准，同时还必须严格统一花岗岩类岩石和其他岩石的野外定名及各种记录、表达、统计测量工作的方法和要求。

花岗岩类区地质填图中的一些有关要求和常规方法与沉积岩区基本相同。

一、观察路线的布置

(一) 观察路线的布置方法

观察路线的布置方法主要有穿越法、追索法、全面踏勘法。

1. 穿越法

这种方法是观察路线尽量垂直深成岩体的最大直径布置，路线大致平行分布，线距按照填图比例尺的要求，如 1:50000 地质填图每 500m 一条线。穿越法的优点为工效高、能较快查明工作区地质构造或矿产等的情况，查明深成岩体在横向上的基本情况；缺点在于路线间的界线不够准确，对线间的小侵入体有可能漏掉等。本法各种比例尺地质填图都可使用。

2. 追索法

追索法是沿着深成岩体的最大直径方向布置，或沿着地质体边界、接触界线、构造线布置。此法的优点是对于各侵入体间或与围岩的接触关系能仔细调查，能够控制深成岩体在延伸方向或长径方向的变化情况。但此法工效较低，深成岩体短径方向上的变化就较难了解和查明。本法主要用于 1:50000 或更大比例尺的地质调查。

3. 全面踏勘法

这是把穿越法和追索法结合起来使用的方法，其路线不太固定，呈网格状遍布整个测区。这种方法可以对深成岩体各方向上的情况全面掌握，不会遗漏小侵入体，可以大大提高深成岩体的调查和研究程度。但此法工作量极大，一般只用于大比例尺地质调查。在 1:50000 填图中，对于一些复杂地段、关键部位或需要加深研究的地方，可以小范围采用。

上述三种观察路线的布置方法，在实际工作中经常结合使用，在 1:50000 地质填图中多是以穿越法为主，辅以追索法和全面踏勘法。

(二) 观察路线的布置原则

花岗岩类区填图中，路线的布置应考虑下列原则：

1. 由于花岗岩类深成岩体是一个有边界的地质体，形状不规则，因此，在野外常常采取以穿越为主并结合部分追索的方法。前者是按一定距离间隔穿越观察路线，其目的是进行面上控制，避免遗漏地质体；后者是沿已知界线向两侧作一定距离的追索，其目的是：(1) 准确圈定地质体；(2) 研究相邻两个地质体的接触关系特征——沉积接触、侵入接触、断层接触，对深成岩体与深成岩体之间要研究其超动侵入的特征，对深成岩体内部各侵入体之间要研究其脉动侵入或涌动侵入的特征；(3) 研究接触界线的形态特征——直线状、折线状、圆滑曲线状。在地形条件允许时，界线追索在岩石谱系单位填图中尤其显得重要和必要。

2. 穿越路线法必须尽量垂直深成岩体的最大直径布置，但是不同组合类型的深成岩体平面形态是不相同的，因而要根据具体情况灵活地布置穿越路线。

(1) 规模较小的简单深成岩体或复杂深成岩体 (有时亦会遇到复式深成杂岩体)，主要采用 "玫瑰花" 状的路线 (图 3-9 (a))；

(2) 长条状的复式深成杂岩体，可采用 "平行状" 的路线，而在两端则辅以一定数量的 "放射状" 路线 (图 3-9 (b))；

(3) 对规模巨大的叠加复式深成杂岩体或复式深成杂岩体则全部采用 "放射状" 的路

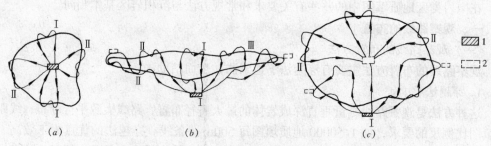

图 3-9　各种路线布置示意图

（据高秉璋等著《花岗岩类区 1:50000 区域地质填图方法指南》1991）

（*a*）简单深成岩体，面积较小的复式深成岩体或复式深成杂岩体；（*b*）长条状不同类型深成岩体；

（*c*）规模较大的不同类型深成岩体

1—主要工作站；2—次要工作站；3—实线箭头方向为路线前进方向；

4—Ⅰ-Ⅰ、Ⅱ-Ⅱ、Ⅲ-Ⅲ控制的路线剖面线

线布置（图 3-9（*c*））。

　　总之，要视深成岩体的规模大小、基本形状、居民点、地形条件、岩石露头、工作性质等确定路线的布置方法，原则上尽量不跑重复路线，而且要把路线观察与测制剖面结合起来。

　　3. 接触带是研究和获取花岗岩类深成岩体的形成时代、深成岩体内部侵入体的侵位序次接触关系特征、蚀变及变质作用特点、成矿作用等重要信息的最佳地质位置。因此，穿越路线应尽量垂直深成岩体界线布置，并随其界线方向的变化而改变路线方向。

　　4. 岩体内的主要山峰需要布置一定路线穿越控制，这是由于需要研究岩体的垂直变化和剥蚀深度。剥蚀浅的岩体，主要山峰或最高处尚保留有围岩的残留顶盖，或者在垂直方向上可以发现从上到下，亦就是从早到晚几个单元的接触及其变化情况等方面的特征性资料。

　　5. 同一个岩体或同一个侵入体与不同时代的沉积岩、变质岩或火成岩相接触处均要布置一定数量的路线穿越和观察。因为，同一个岩体或同一个侵入体与不同时代的沉积岩接触处，既可能有侵入接触，也可能有沉积接触；与不同时代花岗岩类接触处，既可能有侵入于周围一些侵入体的，也可能有被周围一些侵入体所侵入的。因此，通过路线观察，才得以了解每个岩体或每个侵入体与不同时代地层或岩浆岩的接触关系性质、接触关系特征、相互间的先后形成关系等资料。

　　6. 对于花岗岩类深成岩体的变形构造，尽量在填图过程中认真研究，测量叶理和线理，研究花岗岩类深成岩体的就位机制。

　　7. 要把路线观察和测制路线剖面结合起来，除单元-超单元的标准剖面以外，一般可采取在地质图上一定的距离定点采样的办法测制深成岩体路线剖面，不一定全部采用实测。

　　8. 在花岗岩类分布地区进行区域地质调查时，一定要特别注意岩脉和断裂的分布。

　　二、观察点的标定及观察与描述

　　（一）观察点的位置

　　观察点的位置主要在以下方面：

1．深成岩体与围岩的分界处；

2．深成岩体内部各单元或侵入体的分界处；

3．深成岩体中不同相带分界处；

4．深成岩体中的蚀变带上、接触变质带上；

5．岩体内部组构、包体、节理、斑晶发育的部位；

6．岩石露头好，岩石新鲜，特征明显，具有代表性，作岩性重点观察及取样的地点；

7．有关断层、矿点或矿化点的所在地。

观察点的密度，取决于地质调查或填图的精度要求，这方面也要按有关规范进行。如1：50000 地质填图，基岩出露区点距一般为 300～500m，但如露头差、岩性没有变化等情况时，点距可以适当放宽到 800～1000m。所以，观察点的密度是地质调查的精度与测区内实际地质情况相结合的产物，但以精度要求为主导地位。

（二）观察点的标定方法

每条观察路线上的每个观察点，都要进行连续编号，标定在地形图上，并详细记录在野外记录本中，观察点的标定方法同沉积岩区，见本章第一节。

（三）观察点的观察与描述

观察点观察研究的一般程序、观察点描述格式与要求与沉积岩区基本相同，但观察描述的内容不同。其内容主要由观察点性质所决定。

1．主要观察点的观察与描述

（1）岩性控制点。岩性控制点随所控制的岩性不同描述内容也不一致，但一般均应描述岩石的颜色（包括原生色与次生色）、结构、构造、矿物成分、产出状况、捕虏体及析离体、原生流动构造（流线、流面）和原生裂隙构造、组构、包体、节理、斑晶等的测量和统计；还有岩石的矿化、风化、蚀变情况及形成时代等。

（2）地质界线点。包括岩体与围岩的接触界线和岩体内部各单元或侵入体之间的接触界线。前者有三种情况，即侵入接触、断层接触、沉积接触；后者有四种情况，即超动侵入接触、脉动侵入接触、涌动侵入接触、断层接触。在描述之前，先要仔细观察，根据分界线上及其两侧岩石中的各项特征和依据，判定接触关系性质。然后将其有关的内容和资料详细地收集记录在野外记录本中。

（3）构造点、矿产点、地貌、第四纪及水工地质观测点等，其观察描述内容见本章第一节沉积岩区部分。

2．野外观察与描述花岗岩类岩石的内容

花岗岩类岩石的野外观察任务是：在野外对岩石进行比较正确的和系统的描述及命名，为解体深成岩体、辨别不同的侵入体、建立岩石谱系单位的等级体制、探讨花岗岩类就位机制以及分析其控制成矿的条件和找矿标志提供岩石学依据。

（1）花岗岩类岩石的野外定名及其注意事项：花岗岩类岩石的野外定名正确与否直接影响到划分侵入体、进行区域对比、建立岩石谱系单位的等级体制，所以是相当重要的一个环节。野外的观察描述要仔细，同时要采集一定数量的岩石标本，以便野外、室内相互验证，确定正确的鉴别标志。

首先，根据野外产状、岩石的结构和构造区分出岩石的主要类型。

其次，根据岩石中所含矿物的颜色、晶形、解理等外表特征确定出几个主、次要矿物，也就是说要抓住最主要的宏观鉴别特征，把主要造岩矿物鉴定出来。

花岗岩类岩石中最主要的造岩矿物不外乎石英、钾长石、斜长石、黑云母、角闪石（辉石、似长石、白云母等），这些矿物在不同种类岩石中的组合和含量不同，从而构成不同种类的花岗岩类岩石。其中尤以石英、长石为最重要，它是花岗岩类岩石命名的基础，亦是岩性对比的主要依据。但是，暗色矿物亦很重要，它们在划分和圈定侵入体中具有特殊的作用，在相当程度上可以作为一种指示性矿物。

然后，分别估计矿物百分含量，确定花岗岩类岩石属于哪个大类，从而准确地定出岩石名称。

在野外定名过程中，必须掌握好以下几方面的标志：

1）石英的有无及其含量；

2）钾长石、斜长石的有无及其含量；

3）暗色矿物的种属及其含量；

4）白云母的有无及其含量；

5）似长石的有无及其含量；

6）对于斑状岩石的鉴定，要特别注意斑晶种属和含量；

（2）花岗岩类岩石的鉴定要点：野外，对花岗岩类岩石进行鉴定，首先是观察其色率。色率是暗色矿物的体积百分数。因此，在鉴定矿物成分及含量时，首先是铁镁质矿物，其次是长英质矿物。在长英质矿物中，先观察石英（或似长石）的有无及含量，再观察长石的有无和钾长石、斜长石的相对含量，就可以给予正确的定名。

通常岩石颜色的深浅是暗色矿物和浅色矿物相对含量的反映，所以根据岩石颜色的深浅可以大致确定岩石为酸性岩、中性岩、基性岩和超基岩等类型或它们的碱性岩，当然亦常有例外情况。一般酸性岩为浅色调，常呈肉红、灰、浅灰等颜色，如花岗岩；一般中性岩中等色调，常呈灰、暗灰等颜色，如闪长岩；一般基性岩和超基性岩为深色调，常呈灰黑、黑绿及黑色等，如辉长岩、橄榄岩等。其他如中碱性岩类的霞石正长岩和中性岩类的正长岩均大体上相当于浅色岩，斜长岩亦相当于浅色岩。所以确定每一种岩石类型的色率时，要根据具体情况分别对待。当然，决定岩石颜色的因素还有岩石颗粒的大小。在暗色矿物含量相同的情况下，粒度小的，肉眼观察下其颜色要比粒度大的深得多，所以对于微晶、隐晶质的浅成岩类岩石可利用风化后的颜色作大致划分的依据和标志。

其次，对矿物成分进行描述：先描述斑晶，然后描述基质，并估算其百分含量。

在野外对矿物含量一般采用目估的方法，目估结果的精度常跟经验有关，而由于肉眼视差关系，往往估计过高。比较精确的方法是采用简便的直线法：在露头上选定具有代表性的地段或范围，用钢尺测量若干平行直线上的矿物或包体的长度列表分别记录。直线数目、长度及间距视欲测矿物的大小和要求精度来选择，原则上平行直线越长、间距越小、线数越多精度就越高。测量后用下式算出欲测矿物的体积百分比（用线段比代替面积比，用面积比代替体积比）。

某矿物在岩石中的体积百分含量 V% = 100×该矿物总长/测量总线长

岩石中的斑晶和基质的含量可以一并计算，如果只要求计算斑晶的含量，可以分开单独计算。

特别需要指出的是：斑晶的含量和包体的含量都必须在野外估算。对于斑状岩石，送薄片鉴定时，需要提出斑晶矿物的种类和含量，写在送样单上，因为送薄片鉴定的岩石标本上斑晶含量可能不具代表性，会导致室内定名不正确。

因此，在野外工作时，首先要把力量花在识别主要造岩矿物上，一开始就抓住主要造岩矿物在肉眼鉴定中的主要差异，这是正确鉴定岩石的关键，同时也要注意量的概念。除此以外，还要研究花岗岩类岩石中的矿物特征，特别是矿物的共生和伴生关系，这对于了解岩浆的性质、晶出顺序、结晶时的温度和演化等有关解释岩石的成因均有重要意义。

（3）岩石结构构造的观察与调查：花岗岩类岩石的结构构造不仅是识别岩石与分类命名进行岩石调查的重要内容。对于建立花岗岩类岩石谱系单位的等级体制来说，岩石的结构构造更是一个重要标志。特别是岩石成分简单、甚至非常单一的花岗岩区，岩石结构构造的观察与调查，对于野外鉴别与定名、划分填图单位和圈定侵入体都是重要的依据。

1）岩石的结构：所谓岩石的结构主要是指矿物的结晶程度、大小、形态、自形程度以及晶粒之间或晶粒与玻璃之间的相互关系的特征。

岩石中矿物的结晶程度：指岩石中结晶物质的发育程度，按岩石中晶质和非晶质的比例可分为：全晶质结构、半晶质结构、玻璃质结构。其中玻璃质结构主要见于火山岩，花岗岩类岩石主要为全晶质结构，高位花岗岩类深成岩具有半晶质结构的特点。

岩石中矿物颗粒大小：花岗岩类岩石大多属显晶质结构，凭肉眼或借助放大镜可以区分矿物颗粒。按矿物的颗粒大小可分为：

粗粒结构　矿物颗粒直径＞5mm；

中粒结构　矿物颗粒直径 5～2mm；

细粒结构　矿物颗粒直径 2～0.2mm。

根据矿物相对大小可分为等粒结构、不等粒结构、斑状结构、似斑状结构。

等粒结构（又称"粒状结构"）：岩石中同一种主要造岩矿物的粒径在同一粒级范围内近似或大致相等的结构。

不等粒结构：岩石中同一种主要矿物大小不等，但是其大小是连续变化的，形成一个连续的系列，所以又叫"连续不等粒结构"。

斑状结构：岩石中矿物成分由两类明显大小不同的颗粒组成，粗大的颗粒散在细小的颗粒或玻璃质之中。相对粗大的颗粒称为斑晶，相对细小的颗粒称为基质。基质是由细晶、微晶、隐晶质或玻璃质组成。一般认为斑状结构是两期结晶形成的；斑晶与基质分别形成于两种不同的冷凝条件。

斑状结构可根据斑晶大小分为：

粗斑结构　斑晶粒径＞5mm；

中斑结构　斑晶粒径 2～5mm；

细斑结构　斑晶粒径＜2mm。

斑状结构可根据斑晶含量分为：

多斑状　斑晶含量＞50%；

斑　状　斑晶含量 50%～10%；

少斑状　斑晶含量 10%～5%；

含　斑　斑晶含量＜5%。

岩石中同种矿物几个斑晶聚集在一起，可称为聚斑结构；若两种或两种以上的不同矿物联合而成的斑状结构，可称为联斑结构。

似斑状结构：基质通常为显晶质（细粒、中粒、粗粒），斑晶与基质的成分基本上相同，表明斑晶与基质是在相同或相近的物理化学条件下结晶的。

形成似斑状结构的原因是熔浆中形成斑晶的那种组分的数量大于熔体共结成分的数量，所以它先开始结晶，随着斑晶开始析出，熔体成分随着温度下降到达共结点时就形成共结成分的基质，有时会出现文象连生现象。它们往往过渡为连续不等粒结构。

前面所说的斑状结构的成因，与岩石结晶过程中的物理化学条件的显著变化有关，也就是深部已经开始从岩浆中析出的晶体构成斑晶，岩浆上升到地表或近地表很快冷凝结晶形成细晶、微晶、隐晶，甚至来不及结晶而成玻璃质，即基质。

在"S"型花岗岩区，由于岩性单调，结构复杂，相类似的岩石类型可以划分三种不同的结构。原生结构或叫一期结构、半自形至它形粒状结构：颗粒边界相互连结，矿物的结晶是连续的，不曾发生过间断，一般中粗粒或中粗粒似斑状花岗岩属于此一类，这类结构相当于等粒结构，似斑状结构；二期结构：或叫次生岩浆结构，相当于斑状结构，斑晶包括大小不同的钾长石、斜长石、黑云母和石英，基质则由糖粒状结构组成，斑晶与基质间的矿物粒径及结晶程度差异较大，代表结晶作用发生过明显间断，典型的岩石如花岗斑岩、石英斑岩、微粒斑状和细粒斑状花岗岩等；微花岗结构：细粒、等粒镶嵌的半自形、它形粒状结构，典型岩石如花岗细晶岩、细粒白岗岩及部分细粒花岗岩等。实际上，一个花岗岩杂岩体从早到晚往往可以分成主侵入体、补充侵入体和晚期脉岩侵入体。主侵入体一般具有粗粒结构，同后续的岩石相比是最粗的，它们一般占据杂岩体总面积的最大部分。补充期侵入体一般具中粒不等粒结构，它们可以一次形成，也可以分几次形成，在后一种情况下从早到晚粒度逐渐变小。补充侵入体的出露面积可大可小（如层状体、环状侵入体、岩株、岩墙），主要分布在岩体的顶部，但也可以侵入到围岩中去。晚期脉岩侵入体则是各种不同结构的细粒岩石，它们的形成也不止一次。它们一般分布在杂岩体的顶部，但也可以侵入到岩体以外很远的距离。这三期岩石之间显然时间接近，但是通常可以看到彼此间有清楚的斜切式接触关系。

考虑到上述特点，我们把上述三种结构分别叫做主体期结构、补充期结构和末期结构，它们代表着某些"S"型花岗岩岩浆发展演化过程中顺序出现的三种不同结晶条件。它们之间的差别既取决于斑晶与基质的粒度差，也取决于斑晶与基质之间的相对数量比例。

矿物的形态：矿物的形态包括岩石中矿物的习性和它们的自形程度。

岩石中矿物外形的完整程度是不同的，按其自形程度可分为：全自形粒状结构、半自形粒状结构和它形粒状结构等三种。如岩石中的斑晶常表现为自形晶，而大部分的深成侵入岩均具有半自形粒状结构，因为在这类岩石中的矿物晶体的自形程度不一致，有些是自形的，有些是它形，但大部分是半自形的。如花岗岩类岩石中，暗色矿物往往比长石自形，长石又比石英自形，石英则为它形。

2）岩石的构造：岩石中不同矿物集合体之间、岩石的各个组成部分之间或矿物集合体与岩石其他组成部分之间相互关系的特征，称为岩石构造。

花岗岩类岩石中最常见的构造为块状构造。现主要简述以下几种构造：

斑杂状构造：指岩石中的不同组成部分在结构或矿物成分上有差别，因此整个岩石看起来是不均匀的，特别是暗色矿物呈杂乱状的斑点分布。形成斑杂状构造的原因很多：

一种原因是由于不均匀或不彻底的同化混染作用形成；

另一种原因是在侵入岩中含有较多的暗色包体（包括浅源捕虏体，深源捕虏体和同源包体）时，易形成斑杂状构造。当这种暗色包体比较多而且形状又不规则时，可以形成角砾斑杂状构造；

第三种原因是由于岩浆相继多次脉动上侵，使较早一次的侵入岩受强烈改造，从而形成斑杂状构造。

条带状构造：岩石中的不同结构和成分大致呈平行排列的一种构造。按成因分为三种：

一种见于火成堆积岩和超基性、基性侵入岩中，主要是由岩浆的结晶分异作用使密度不同的晶体相间堆积而成。

另一种是由于深部同化混染作用，岩浆捕虏并同化深部围岩形成大量的暗色矿物，如黑云母、角闪石和透辉石等，在岩浆运移中聚集并呈定向排列，构成条带状构造。其中常含有较多的包体，所以组成黑色条带的暗色矿物明显是后期结晶的。它以含大量的榍石、磷灰石、钾长石斑晶以及深源捕虏体（异源暗色包体）为特征。

还有一种是在同源岩浆依次脉动上侵后形成的岩石单元接触处，有时可以见到的长石斑晶或者黑云母、角闪石及石榴子石等矿物聚集成的条带。它分布于较晚形成的岩石单元一侧，并平行于两者接触面呈定向排列，构成条带状构造。

片麻状构造：是指在花岗岩类岩石构成的深成岩体中，有时可以看到的暗色矿物相间断续呈定向排列，或石英、长石明显具拉长定向排列等构造。

这种深成岩体边缘的片麻状构造不单纯是区域变质的产物，它可以有以下几种不同的成因：岩浆流动造成的定向排列，即近固态的岩石在就位过程中引起变形所形成的定向组构；在岩体就位后，因受动力变质作用而形成的片麻状构造。

3）研究结构构造意义：从上面讨论中可以看出，花岗岩类岩石的结构构造特征，是地壳运动、岩浆活动长期作用的历史产物，是矿物成分在不同条件下的一种表现形式。因此，可以从这些外表来恢复岩浆的运动历史、所处的地质环境，从而为了解花岗岩类岩石的特征及其有关矿产形成条件提供重要依据。同时，它又是识别岩石的一个重要标志，也是分类命名的基础之一，对于圈定侵入体、建立岩石谱系单位的等级体制、研究深成岩体的就位机制等均具有特殊的意义。因此，要很好地掌握它们的特征，并运用于实际工作中，了解它们所代表的地质意义。

3. 野外观察岩石类型的变化并研究其侵入序次的内容

在花岗岩类地区的路线观察中，要注意花岗岩类岩石的均匀程度以及它的变化特征，特别是走向上的变化和横向上的变化，研究它们的接触关系，这对于野外定名、确定侵入序次和划分圈定侵入体都具有重要意义。

在野外调查时，一般应从以下几个方面去研究岩性变化：

（1）粒度大小。

（2）矿物成分。例如，二长花岗岩，要注意其两种长石的含量变化和相互比例；英云闪长岩，要注意其铁镁质矿物的总含量以及角闪石和黑云母的含量变化和相互比例等等。

（3）对斑状岩石，要注意斑晶的种类、大小、形状和含量的变化；对于似斑状结构的岩石，特别要注意钾长石斑晶的特征。

（4）对暗色矿物，要注意其形态的变化。

（5）对暗色包体，要研究其成分、大小、形状和含量变化。其次，要调查不同岩石类型之间的接触关系，判断是接触急剧突变还是快速过渡，以便于建立侵入序次。侵入序次的确定主要是根据岩石结构和矿物成分的变化两方面的因素综合考虑的。

4. 确定岩体的时代及不同地质体之间的接触关系

野外花岗岩类岩石调查，不要孤立地去研究花岗岩类岩石，而要把它作为某个地质体的一部分去观察研究，这样才能了解整个区域地质的基本特征。因此，必须要着重观察不同地质体之间的接触关系，分析研究接触面的性质、接触面两侧的岩石成分、结构构造特征的变化。研究不同地质体的接触关系有两个任务：一是确定花岗岩类岩石形成的时代以及形成的先后次序；另一个是研究接触带的类型和特征（各种接触关系的特征及判定方法见花岗岩类区 1:50000 区域地质填图示法指南）。

三、野外地质界线的勾绘和野外综合地质图的编制

（一）辨别和填绘侵入体

在岩浆岩区实测地质剖面的方法中，专门介绍了花岗岩类区填图单位的确定。单元是基本的填图单位，单元在深成岩体中的实体，就是一个个形态、大小各异，但岩性、结构等完全相同的独立分布的侵入体，每个单元包括若干个侵入体（只有一个侵入体的单元专门称独立侵入体）。花岗岩类区的野外地质填图，即解体岩基和大型复式多期深成岩体的主要目的，就是要将其中最基本的地质单元—侵入体划分和填绘出来。

辨别和填绘侵入体，要深入细致地观察深成岩体的内部构造和特征，通常要做以下两方面的工作：

（1）查明深成岩体内部肉眼明显可见的成分和结构的不均一性；

（2）查明深成岩体内部成分和结构有明显差异的各部分岩石之间的关系。

一般认为，不同地质体之间主要是根据接触关系加以圈定的，划分不同侵入体亦毫无例外地遵循着这个准则。但是，在划分和填绘侵入体过程中，有时接触关系难以确定，因而可以先根据不同的标志将侵入体划分开，然后再有目的地追索接触界线。后一种情况是经常出现的。所以辨别侵入体的标志就十分重要。辨别和填绘侵入体的方法主要有以下方面。

1. 根据岩石成分标志判别侵入体的方法

根据岩石成分标志直接在野外圈定和填绘不同的侵入体，对于成分变化明显的深成岩体来说，是十分有效的手段。

岩石成分的变化可以表现在岩石类型的变化、主要组成矿物的急剧变化、矿物特征上的有规律变化、标志矿物和特征矿物的变化，以及由于上述因素所引起的岩石色率及风化色的差异等方面。这些都是判别侵入体的主要成分标志。

2. 根据岩石中所含包体的特征判别侵入体的方法

利用岩石中所含包体判别不同侵入体，基本上有下列两种情况：

（1）包体的岩性特征不同：在这种情况下，主要根据包体的岩性类型、矿物成分、结构构造及其变化规律判别不同的侵入体；

（2）包体的岩性特征相同：在这种情况下，主要是根据包体的形态和大小、含量、密

度及排列方向等判别不同的侵入体。

3.根据岩石结构标志判别侵入体的方法

岩石类型基本相似，岩石中所含矿物成分及其含量变化不大或基本没有变化的深成岩体，主要是根据其岩石结构的变化划分不同的侵入体。

结构研究的重点：岩石矿物颗粒大小、晶形、自形程度、排列方式和产出形式、斑晶的含量和大小、斑晶和基质矿物大小的悬殊程度和两者之间有无大小过渡的颗粒等等。在区域地质调查中，主要是寻找各侵入体岩石在结构上的差异以及岩石的微观特征在宏观上的表现，最终建立起各侵入体岩石的结构标志。

（二）地质界线的野外勾绘方法

花岗岩类区及其他岩浆岩区内的地质界线主要有岩体与围岩的分界线（包括不整合界线、侵入接触界线、断层接触界线）、深成岩体内部各单元或侵入体的分界线、岩相分界线、各类断层线、矿脉岩脉界线等。这些地质界线，大多呈不规则状，有的甚至十分复杂，其勾绘工作比沉积岩区要困难得多。

野外地质界线的勾绘方法，与沉积岩区基本相同，可参见本章第一节有关内容。

花岗岩类区中地质界线的连接，主要是根据相邻路线上所见的岩性特征对应、接触关系特点相同并结合不同岩性的出露标高、地貌特征、航片及卫片影像特点等综合分析后勾绘。

填图中，两条路线不同侵入体之间的界线相连，其条件是岩体特征要吻合一致，否则，不能勉强连接。在这里，重要的是岩石手标本对比。因此填图路线上遇到的侵入体界线，两侧均需采集岩石标本，在标本相互对比确切无疑时才能将界线相连。

花岗岩界线的形态勾绘，一般不是像沉积岩那样仅考虑"V"字形法则，而应综合下列诸方面因素。例如：不同侵入体的出露处有无垂直分带或水平分带现象，不同侵入体由于岩性差异所造成的地貌形态、风化物颜色、植被等差异，晚次侵入体内组构的走向，接触面的总体产状……因此，花岗岩界线的形态勾绘，除实地追索所得已直接于野外标绘出外，其余应充分研究和考虑上述因素，参照航、卫片影像，结合地形资料后勾出，以避免较大误差。

岩脉、岩墙的连接，既要考虑岩石类型及岩石特征相同，还要考虑岩脉、岩墙产出的地质构造背景。有些岩脉、岩墙可以连接成走向延伸很远的长条状体；而有些虽岩石类型和岩石特征相同，延伸走向大致也相近，但实际可能是一组近于"雁形"排列的岩脉或岩墙群。最佳和有效的做法是沿走向做一定距离追索；岩性和围岩差异较大的，在航、卫片的影像上也能反映出来。

侵入体或岩体内热液蚀变带的圈定，需考虑引起蚀变的原因，如与断层有关则可连接成长条状，如属花岗岩本身期后气热液影响所致，则有可能出现于顶部或边部。

（三）野外综合地质图的编制

花岗岩类区野外综合地质图的编制方法与沉积岩区基本相同，参见本章第一节。但还要注意以下方面。

野外地质填图工作中，每天要进行小组间的情况交流，相邻路线间的接图，地质观察线、观察点、地质界线、岩层产状、采样类型及采样位置、组构产状、包体或节理统计位置等地质实际材料的上墨转绘—制作野外地质实际材料清图，即野外综合地质图；以及记录本、素描图、标本、样品等的校核、完善、整理、登记、编目录等工作，必须持之以恒，当日进行，不要分阶段算总账。这样，既可及时掌握工作进度及工作成果，也可以随时注意到存在的问题以及某些问题的解决程度。

野外填图工作告一段落或每一个阶段工作后期，应及时制作出花岗岩类的野外地质底图，以供初步进行单元划分、超单元归并、花岗岩类形成机理分析等综合研究用。

野外地质底图仅是野外肉眼成果或辅以顺便的物探测量成果，不是最终成果。因此，其制作应严格尊重实际，对于那些已实际观察到或已完全解决的地质问题可用实线或花纹等符号、代号表示，并及时上墨或上色；而对于那些控制程度不够或尚有疑问抑或尚完全不了解的地质体或地质问题暂不作肯定的表达，如以虚线表示或暂用铅笔表示之，待进一步工作后再逐步完善。以免造成错觉或以后改动时的困难。

四、野外标本、样品的采集和整理

（一）标本、样品的采集种类

标本、样品的采集种类是由地质填图的精度要求所决定的，其种类一般有：岩石陈列标本、岩石薄片标本、光谱样、硅酸盐全分析样、人工重砂样、稀土分析样、同位素年龄样。

（二）标本样品采集及其结果应用的注意事项

1. 各种标本、样品的采集和整理方法与沉积岩区相同，参见本章第一节。

2. 样品的采集数量，要符合有关规范的要求，每个单元的有些大样，如人工重砂样、硅酸盐全分析样等，在实测剖面中已经采集了的，地质填图过程中，则可以少采或不采，另外，在路线上进行地质点观察时，应采集岩石标本，每一个单元或侵入体至少要有三至五块典型的、有代表意义的岩石标本，以作对比之用。在地质点观测的同时还可以采集光谱分析样，其质量一般为 $100\sim150g$，通常采取捡块法。

对路线剖面每一个单元或侵入体，除采集岩石标本外，还要同时采集一小块磨制薄片用的标本，一般一个单元至少采三块。同时按一定间距采集光谱分析样，一般 1:50000 比例尺的路线剖面，每隔 50m 采一个，可以是捡块组合样，但必须以单元作为基本单位采集。

3. 有关的注意事项

花岗岩类区填图中要采集的样品种类虽然比较多，但采样只是手段，利用其结果说明或解决地质问题才是目的，不能凭主观臆断将采样成果作为主线，而要客观的地质现象去服从于它。因此，样品采集应目的明确，采集的样品少而精，代表性强，要保证样品质量，防止盲目采样。为此，一般应注意下列几点：

（1）必须充分利用前人已有的各种分析测试数据

首先必须全面收集区内前人已有的分析鉴定结果，对那些采样位置确切、样品物地质特征清楚、样品采集合乎要求、分析鉴定质量可靠或基本可靠或经过某项校正或换算即可应用的数据要尽量利用；对于那些分析鉴定可靠或基本可靠但采样位置或样品物质特征不够准确或不清楚的，可在野外工作期间实地调查落实后予以利用。这样做，既减少了采样工作量，也节约了经费。

（2）有目的、有计划、有针对性地采集不同类型样品

花岗岩类工作中，每种类型的样品具有解决某些地质问题的作用。例如：有些同位素

年龄测定样品仅能解决花岗岩类的形成时代，有些同位素年龄样品既能解决花岗岩类的形成时代也可以用来探讨花岗岩类的成因，因此，要根据目的有针对性地选择采集哪一类型的同位素样品。不同花岗岩中的造岩矿物或副矿物，其岩性特征、化学组成、微量元素含量等均有一定差异，但有些差异并不大或相似，因此，采样时要考虑测定目的。

（3）采样要有重点和代表性，数量要得当

各种样品的数量，视工作要求和需要并考虑经济效果而定。对于为了解花岗岩某些特征的区域性变化、达到某项统计规律且样品分析鉴定费用不很高时，此类样品如岩石薄片、岩石光谱等样品可稍为多采一些；而对于那些每个单元特征相同或大致相似而且样品分析费用较高或很高的如同位素年龄样品，则应选择重点有代表性地采集。例如：岩石薄片、岩石光谱等样品在每个侵入体均要采集，而岩石化学、人工重砂等样品每个单元各选择部分侵入体采集，但必须是单元中的典型侵入体，特别是命名单元的侵入体所在地必须采集。稀土元素分量分析选择在每个单元的命名所在地以及比较典型侵入体中采集 1～2 个。同位素年龄样品的采集以超单元为基础考虑，若该超单元包括的单元数较多，如 5～6 个单元，一般 2～3 个单元有同位素样控制即可，且最好采于最早次、最晚次和中间形成的单元中；若超单元所包括的单元较少，如 2～3 个单元，一般应一个单元有同位素年龄样品控制，并以采于最早次的单元为佳。

（4）所采样品要尽量配套或一样多用，以相互验证和补充

在同一个单元、同一个侵入体内所采的不同类型样品，特别是较高、精、尖样品，应在同一处尽量配套采集，而最好的方法是一样多用。例如，当确定某一个侵入体进行人工重砂、稀土元素、岩石化学、岩石薄片及岩石光谱等样品采集时，应将这些样品集于同一地质位置采集，或在同一地质位置采集一定数量的样品回室内统一加工处理，分别作各种分析、鉴定之用。这样做，所得分析数据既可相互补充、相互验证，又可避免出现矛盾时难以对照检查。

（5）严格采样质量

野外采样中必须严格做到下列几点：1）采样之前，必须先查清采样处的地质特征和地质环境、地质位置。2）具体采样处应选择在具有代表性的露头上，不能采于岩性的局部变化之处，防止混入或夹有包体（专门采包体者除外），并避开裂隙。3）除特殊要求和特殊用途的样品外，一般样品都要求特别新鲜，没有蚀变和矿化，剥去风化面。4）样品的原始质量及采样方法，应依岩石的结构、构造及矿物成分分布的均匀程度不同而有所增减和改变，一般的原则是若岩石内矿物的粒度较粗、分布不均匀或较不均匀，样品的原始质量相对要多一些，并需应用一定面积范围内多点采样聚合方法；若岩石内矿物的粒度较细、分布均匀或较均匀，样品的原始质量可相对少一些，并可考虑一块或二至三块岩石组合成一个样的采样方法。5）除标本、薄片等样品外，不得于其他样品岩石上涂漆、编号。

（6）不同类型样品的采样时间

花岗岩类区地质填图中，样品的采集时间要依样品的不同类型及工作周期以及每种样品的加工、处理、测试周期长短而定。一般原则是：需普遍采集且数量比较多的样品如岩石薄片、岩石光谱样品等一般可随同剖面测制及地质填图工作同步进行；人工重砂、岩石化学、稀土元素等样品则应稍后采集，即在对区内岩石类型及露头情况有一定了解后采集；同位素年龄样品等的采集一般应在一个地区野外已基本把侵入体划分出来，能初步划

分出单元和归并出超单元后进行。这样既能保证样品代表性，又能减少不必要的重复和浪费。

（7）样品测定物、测定方法及测定项目要选择得当

花岗岩工作中，为达到某种地质目的可选测多种物质，例如：岩石光谱样品可作光谱半定量或定量分析，由于不同测定物及不同测定方法各具不同特性，因此，无论是同种样品物用不同测定方法所测定的结果还是同种方法测定不同样品物的结果，其数据可能会有不同或存在较大差异。因此，正确地选择测定物、测定方法和测定项目是采样及分析测试中的一项重要工作。选择好了，既达到地质目的又事半功倍，选择不好，劳而无功并浪费人力、物力。

（8）分析、鉴定结果的验证、检查

各种分析、鉴定结果获得后，首先要检查本身是否达到质量要求。例如，花岗岩的岩石化学成分分析，在主要分析项目已较齐全的前提下，各氧化物及元素含量是否为100（±0.75）%；岩石薄片鉴定结果，造岩矿物总和是否为100%……继而，检查对照同一地质位置所采不同样品分析结果间有无矛盾，如岩石薄片鉴定结果所得出的各种矿物含量与岩石化学分析所得各种氧化物的含量是否对应吻合；人工重砂分析鉴定结果某些特殊蚀变矿物高含量是否与岩石薄片鉴定的蚀变作用特征相对应……然后，再将分析、鉴定结果与野外观察记录的地质情况对照，检查室内外资料是否对应吻合，如所获同位素年龄值是否与接触关系性质相吻合，采样处野外所发现的一些矿化或蚀变和分析结果中有无出现某些元素的高含量相吻合……

以上这些，一经发现，必须查明原因，迅速进行校正、复查甚至返工，在做了上述工作并确认结果可靠后，才可应用或进行统计。

第三节　变质岩区的野外地质填图

变质岩区野外地质填图，是一项综合性很强的基础地质研究工作。当今的发展趋势是：运用遥感新技术，采用构造-地（岩）层研究方法，借助现代测试数据，加强多学科间的紧密结合，通过实践——认识——再实践——再认识的工作过程，使所填地质图具有动态特点，成为能反映地质体四维空间特性的基础地质图件。

变质岩区的野外地质填图工作与其他岩区填图工作一样，包括观察路线的选择和布置；观察点的标定、观察与描述；地质图的野外勾绘及各种标本、样品的采集等工作。与其他岩区填图不同的就是针对研究的对象不同，在观察研究内容或采取的手段方法上有所不同，即野外踏勘后就要开展面上的填图工作，不先进行剖面测制，其填图单位是在全面踏勘和分析前人资料的基础上确定出方案。于是这里在叙述变质岩地质填图前，先介绍变质岩区岩（地）层填图单位的划分。

一、岩（地）层填图单位的划分

（一）成层有序浅变质岩系填图单位划分及类型

1.岩（地）层填图单位划分应遵循的原则

（1）填图单位的可填性

野外地质填图就是要求尽可能的把每一岩（地）层都填到图上，但受填图比例尺的限

制，图上无法表达的太薄或规模太小的岩层要适当的归并。因此，只有具有一定厚度的岩层才可能作为填图单位，这就是填图单位的可填性。

（2）填图单位的可分性：

每一填图单位与相邻填图单位，应该具有明显的能为野外填图所掌握的岩性差异，在两者之间可以通过一条界线予以区分，这就是填图单位的可分性。其可分性表现在填图单位的总体岩性差别，具有野外可鉴别的明显的原生或再造地质界面，或具有特征性分界岩性层（如标志层）等。

在1∶50000地质填图中，在一般情况下一个填图单位在图上的最小宽度不得小于1mm。对与可填性填图单位有直接空间联系的厚度很小的地质体，也作为填图单位夸大，在图上予以表示。

2．填图单位岩性组合的基本类型

（1）单一岩石单位。它是由一种岩石类型所构成。如粗粒长石石英岩、细粒石英岩，灰黑色条带千枚岩、紫红色千枚岩、角闪黑云变粒岩。亦可以是一个较大的岩类，如石英岩类、千枚岩类、黑云变粒岩类等。

（2）复合岩石单位。它是由两种或两种以上岩石组成的填图单位。根据特点可分为互层型、夹层型、韵律层型三种。

互层型：是由两种或两种以上彼此厚度接近组合而成，如板岩、石英岩互层；黑云变粒岩、浅粒岩、斜长角闪岩互层。

夹层型：是以一种岩石为主，夹一种或几种岩石。如大理岩夹白云石英片岩；绿泥片岩夹绢英片岩、磁铁石英岩。

韵律层型：由三种或多种岩石按一定的顺序排列组成的复合岩石单位。如石英岩、千枚岩、白云岩构成的韵律层；浅粒岩-黑云石英片岩-斜长角闪岩（-大理岩）构成的韵律层。

3．填图单位

1∶50000区调的填图单位，采用组级单位进行填图。在变质岩区，有些岩（地）层厚度巨大（数百米至数千米），则应按其内部稳定的夹层（岩石）或地貌特征等划分出段级填图单位。

（二）层状无序中深成变质侵入体岩系填图单位划分

1．岩石（层）填图单位划分遵循的原则

（1）填图单位的可填性

每一填图单位均应具有可识别的岩石学特征。当变质程度浅时，其岩石学特征可包括原岩的矿物成分和结构构造。在变质程度高、变形作用强的地区，原岩结构构造因受强烈改造全部或部分消失，这时只能依其总体的岩性特征划分填图单位。

（2）填图单位的可分性

每一岩石填图单位均应有一定的规模和边界。对变质侵入体来说，在地质图上应具有独立封闭的图形。即使是受到强烈构造变形改造成板条状或者为层状侵入体也都应有封闭的边界。

在野外填图，按照上述二原则，应将达到填图比例尺的变质侵入体作为填图单位填出。对于那些规模虽小，但极具区域地质意义的变质侵入体或其他重要地质体，都应将其扩大为填图单位。

2．岩石填图单位的划分

（1）同一岩石填图单位应具有基本一致的岩石成分和地球化学特征。

（2）在相同变形变质条件下，同一岩石填图单位应具有一致的岩貌（矿物成分及结构构造特征）和构造变形序列。

（3）不同的岩石填图单位，特别是较高级的填图单位，一般具有突变的接触边界。

（4）同一岩石填图单位，其同位素测年数据应是基本相近或一致的。满足上述条件的均可作为组级填图单位。

二、观察路线及主干观察路线

（一）观察路线的布置原则

根据实践证明：无论是在成层有序的浅变质岩区或者层状无序的中深成变质岩（变质侵入体）区填图，地质观察路线布置的原则，仍以穿越法为主，辅以必要的追索法。特殊时可运用立体路线工作法。

1．穿越法

充分利用遥感图像提供的丰富地质信息和遥感解译图提供的资料，在野外对线形构造、线状地质体采用垂直穿越路线调查，是提高工作效率的有效途径。因此变质岩区的填图路线多以穿越法的形式布置。

2．追索法

在一些地质现象极为丰富且需重点研究的地区，为了保障研究的深入，常沿地质体延伸方向去追索，以便查明其特征。此外，野外补课阶段，为解决疑难重大地质问题，也常用此法。

3．立体路线工作法

即在不同高程、不同方向布置补充路线，将各条路线上的信手剖面用统一方位、统一比例尺投影复合到一起，解决地质体的空间变化和分布规律。这有些类似于全面踏勘法。

（二）观察路线布置方法的选择

鉴于变质岩地区变形构造复杂、露头出露情况以及经费投入的状况，对变质岩布置地质观察路线选择主干路线调查与一般观察路线调查相结合的方案。

1．主干观察路线

选择在露头良好，地质现象丰富的地段，调查时详细观察研究，客观如实记录各种地质现象，采集较多的各类标本与样品，并绘制主干路线剖面图。

2．一般观察路线

它布置在植被异常发育，露头不连续的地段，记录程度可以允许有不同的要求。

上述两种观察路线的具体布置，可灵活的根据工作区的地形、通行条件、露头出露等情况，因地制宜的布置，既要符合区调规范的填图精度要求（调查路线间距为500m，也可放宽至800～1000m），又能有效地控制地质体，这也是保证图幅质量最基本的前提。

三、观察点的标定方法

（一）观察点的布置

观察点也称地质点，观察点的布置原则，应以能有效地控制各种地质现象为准则。一般具体布置在重要地质界线、重要构造界线、标志层及变质相（带）界线以及矿化层或矿化露头上。观察点的密度视地质条件复杂程度而定。在 1:50000 区调中，观察点的点距一般为 250～500m。

（二）观察点的标定

野外地质填图中，要把所有的观察点的位置用点加圈的形式（规格：直径 2mm）标绘于手图（地形图）上并在右侧注明编号（注：填图区的点号切忌重号，点号规格：长 5mm，宽 2mm）。对极为重要的观察点，还应在实地用油漆标明其点号。

在手图上标定观察点位置，必须保证准确无误（不能超过规范精度要求允许的误差范围，即手图上 1mm 的距离）。

野外具体标定观察点的几种常用方法：

1.GPS 手持机定位法：具全天候、高精度（最好的可达厘米级，一般优于 10m）、自动化、易操作的特点，它完全满足 1:50000 区调规范精度要求。

2．交会法：（略）

3．目估法：（略）

4．地形平截法：

当观察点处在半山腰时，可用已知山头的高程平截对比，从而确定所处山脊的高度（看地形图上的等高线）。

四、观察路线（点）调查的基本内容与记录描述

（一）观察路线（点）调查的基本内容

目前我国在开展 1:50000 变质岩区区调中，对不同的复杂程度的变质岩区分别采用构造—地层、构造—岩层、构造—岩石等不同的填图方法。对较复杂地区（变质侵入体），其工作程序与其他岩区的工作程序有所区别。

基于上述特点，现对变质岩区观察路线（点）所需观察的基本内容简要介绍如下：

1．岩石地层（广义）的观察

观察的基本内容：主要包括岩石学特征、变形式样、变质作用特征、接触关系和岩石地层（广义）层序等方面：

（1）岩石地层的岩石学方面：

主要是涉及到岩石地层的变质原岩、区域变质岩、同变质构造岩（即狭义的构造岩）、起标志层作用的特征性岩石及脉岩、包体等。

关于变质原岩：主要是收集变余结构构造资料、具有成因意义的岩石类型或岩石类型组合资料。对变质原岩的调查，应首先注意区分并收集成层有序浅变质岩和层状无序的变质侵入体方面的岩石学资料。对前者要分别收集正常沉积岩与火山岩方面的资料。

关于区域变质岩：它常构成变质岩区的主要变质岩石类型。主要是了解变质岩石的基本类型及其变化（矿物成分的变化及结构构造的变化）。

关于同变质构造岩：主要根据各种不同类型的糜棱岩、构造片岩、片麻岩等构造岩，了解其分带特征与岩石地层单位的时空关系。对构造片岩，要注意观察片理面上的各种定向构造要素及其与岩石成分类似的粒状岩石的关系，注意片状构造与块状构造的关系。

（2）岩石地层构造变形式样特征：

调查岩石地层变形特征除具有构造学的意义外，更重要的是有助于合理划分岩石地层单位。观察中应着重收集变形的式样特征、变形的强度特征及卷入变形的岩石特征（包括岩性及厚度)。

(3) 岩石地层变质作用的特征：

观察收集区域变质作用中生成的变质相指相矿物或矿物组合，了解进变质与退变质作用，注意收集变质相带界线与岩石（地层）边界及与构造关系方面的资料，同时注意调查与韧性变形带有关的动力变质作用的相关资料。

(4) 接触关系的观察：

接触关系的观察内容包括接触关系的性质（正常接触关系，受构造改造的接触关系）、接触关系特征（过渡渐变、截然突变）以及接触界面两侧的地质条件特征。通过对接触关系的观察资料分析，从而能决定岩石地层在岩石（地层）等级体系中的分类位置。

(5) 岩石（地层）层序的观察

当岩石（地层）间为正常接触关系时，对成层有序的浅变质岩系：主要是收集分析褶皱或叠加褶皱的资料和原生示顶标志、次生示顶构造标志资料，建立地层层序；对层状无序中深成变质侵入体：则需要收集侵入穿插、包裹等方面的示序资料，建立侵入序列。

2．变质构造的观察

(1) 褶皱构造观察

褶皱的调查主要是鉴别褶皱是层褶还是片褶，鉴别褶皱的性质（背向斜还是背向形），分析褶皱的叠加作用及式样。对于不对称褶皱（或长短尾褶皱），注意分析其控制的边界条件及区域作用力的方式（区域剪切条件、区域褶皱作用）等。

(2) 小构造的观察

在路线观察中，应系统收集各种构造要素（层理、面理、线理、枢纽）的产状，构造指向要素（劈理降向、褶皱倒向、构造面向）、原生示顶标志、原生示序标志等（参见表3-1）。对于露头尺度的一定要从三度空间角度去观察其形态和位态特征。

(3) 动力变质岩（构造岩）的观察

在变质岩区广泛发育动力的变质岩（构造岩），是断裂带（或破裂带）中的原岩在不同性质应力作用下发生破碎、形变和重结晶（包括新生矿物—应力矿物晶出）而形成的岩石。野外填图和剖面测制中要对其断裂性质及表现的宏观特征，在野外要加以标定与鉴别。

(4) 韧性剪切变形带的观察

对韧性剪切带一般调查其构造强度分带特征，以及不同强度构造带反映在岩石学和变质作用方面的特征、运动指向标志、构造层次特征、多期活动特征等并测量各种构造要素。对韧性剪切带除路线观察外，应选择最佳位置测制构造短剖面来进行深入的研究分析。

(二) 观察路线（点）的记录

野外路线观察记录是第一性的原始资料，是开展综合研究、编写地质报告的重要基础资料。对于地质路线观察记录应首先保证其客观性，同时还应注意记录的完整性、连续性、统一性和直观性。

1．观察记录的客观性

在野外应如实地将观察到的各种地质现象和测量数据记录下来，不能凭记录者的主观认识而取舍。在每天的路线小结或批注中，对地质现象的认识提出意见或设想。

动力变质岩的野外鉴别特征表

表 3-1

	断层岩系列	构　　造	基质性质	基质含量（%）	碎块粒径（mm）	岩　石　名　称
半固结的	一般不具流动构造	无定向	碎裂作用	可见碎块＞30%		断层角砾
				可见碎块＜30%		断层泥
		条痕状条纹状	玻璃质或部分脱玻化			假熔岩（玻化岩、假玄武玻璃）
	碎裂岩系列	无定向	碎裂作用为主	＜10	＞2	断层角砾岩断层磨砾岩
				0～10	＞2	碎裂岩化××岩
固结的				10～50	2～0.5	初碎裂岩（碎斑岩）
				50～90	0.5～0.02	碎裂岩（碎粒岩）
				90～100	＜0.02	超碎裂岩（碎粒岩）
	糜棱岩系列	具流动构造	眼球状片麻状	糜棱作用为主	0～10	糜棱岩化××岩
				10～50	初糜棱岩
结的				50～90	糜棱岩
				90～100	超糜棱岩
		具结晶叶理	平行纹理千枚状片状片麻状条带状	重结晶及新生矿物显著增长	重结晶程度	＜50%	千糜岩
					＞50%	糜棱片岩　片状大理岩
						糜棱片麻岩
					岩石全部重结晶	变晶糜棱岩

注：据变质岩区 1:50000 区域地质填图方法指南

2．观察记录的完整性

它包括两个方面：一是对观测现场所有地质现象：如岩石（地层）、变质作用、构造变形等，均给予如实记录，而不能有所偏废。具体地记录格式参见本章沉积岩区野外地质填图记录格式（参见图 3-7）；二是对单项地质现象记录的完整性。对单项地质现象的所有内容都应进行记录。

3．观察记录的连续性

它是指除做好地质点上的记录外，还要做好整个地质路线的观察记录（点间）。这样才能保证点上的地质现象与路线上的地质现象有机的联系，从而反映地质现象在空间上的整体展布特征。

4．观察记录的统一性：

对地质现象的记录要做到运用统一的理论、统一的概念、统一的术语（忌同物异名）和统一的格式、统一的符号花纹来记录。

5．观察记录的直观性

地质观察记录要文图并茂，发挥素描图和照片的功能，用以反映记录真实的直观性。

特别是对构造变形现象应以素描图为主，但须附以必要的文字说明。每条路线都要画信手剖面。值得注意的是：地质素描及信手剖面图应以简明的线条，突出反映地质内容，切忌素描时主次不分，也不要把地质素描画成写生画。

（三）观察路线（点）的一般观察程序及记录格式（参见本章沉积岩区有关路线观察一般程序与记录格式）。

根据已往的工作教训值得强调：当天野外路线结束后，在室内一定要及时的用规定的墨水将观察路线观察点号、地质界线、产状要素在手图上绘出。对记录本（野簿）的各种数据（素描、点号、点性、产状、坐标、位置等涉及的数字）着墨，对各类标本进行清理，并及时将手图上的地质内容转绘到实际材料图（综合地质图）上。做到实实在在的当日事当日毕。

五、野外地质界线的勾绘及野外综合地质图的编制

（一）地质界线的野外勾绘方法

1. 野外手图的特征与内容

野外手图与地质记录一样，都是野外第一手资料，是编制正式地质图的基础性图件。野外手图要做到内容丰富，地质信息量大，客观性强，表达方式直观。

在野外填图观察过程中，应将各种地质界线，填图单位较明显的岩性变化情况，各种指向要素和构造要素、构造样式和构造变形强度、变质作用的指相矿物或矿物组合、标志层以及各种包体的分布状况等丰富地质现象，尽可能多的反映在手图上。对重要的地质现象可不受比例尺和其规模的限制，将其扩大标绘于手图上。

2. 野外地质界线勾绘的方法及要求

（1）野外地质界线的勾绘方法

在路线地质观察及地质点的观察中，重要的工作是勾绘各种地质界线。凡在观察路线上的所有地质界线必须在野外实地现场"定点"。同时要根据视域范围内的界线延伸特点将其勾绘到野外手图上。还需将旁侧路线所勾绘的相应的地质界线与野外实地相互联接起来，从而表示出界线在较大范围上的延伸情况。

为了提高勾绘地质界线的准确程度，要注意以下几个问题：

1）在野外勾绘界线一定要充分参考遥感图片和遥感解译图（事先已转在透明纸的内容），实地依据影像特征来勾绘地质界线的延伸位置。

2）在野外勾绘地质界线时，应充分注意各地质体在地形、地貌、植被、土壤、色调的差异性，以此来判定地质界线的位置。对倾斜的岩层时刻注意运用"V"字形法则来勾绘地质界线。

3）在野外勾绘地质界线时，如遇地质界线相交时，要特别注意它们的相互关系、先后次序和交切的实地位置。

4）在野外勾绘地质界线时，时刻注意分析岩层层序是否正常、构造是否合理，在有断层（裂）切割的地段，要判定断层（裂）的性质。

5）为了能及时地发现和有计划地追索地质界线，通常应在路线观察前，要充分分析旁侧路线的地质情况与遥感解译图提供的解译资料，对观察路线上可能遇见的界线和它们的大体位置有初步的认识，以提高地质界线勾绘的准确性。

6）地质体界线的勾绘或圈联应在野外完成，不允许在室内凭记录本和回忆编绘。

（2）野外地质界线勾绘的技术要求

1）对不甚明确的地质界线或地质界线现象，可用不同颜色的花纹、符号等方式，概略的表示其分布状况。如：可用包体的标记在手图上反映出包体的形态、大小、相对密集程度及分布范围；又如：用不同颜色或密集程度不同的线条，反映不同的变质相和不同强度的变形变质带或用花纹直观地反映不同式样的复杂褶皱现象等。

2）在手图上应标记出重要的样品采集位置和矿点或矿化点位置。

3）野外手图应以如实的反映客观地质现象为最高原则，不能单纯以"图面结构合理"为由而任意取舍野外客观确实存在的地质现象和产状要素。即使是一些重要的相互矛盾的地质现象（这是复杂性的表现），也要如实反映，它正是需要进一步调查研究的对象。野外手图的内容应丰富，地质信息含量大，有助于深入研究各种地质问题。其表达方式要直观，以便于阅读。

（二）综合地质图的编制

综合地质图（亦称实际材料图或野外清图），它是各填图组将手图上的各项地质内容转绘而成的，它实际上是一幅完整清晰的手图。这一图件的定稿、清绘或一部分内容可在阶段性整理和最终室内整理中完成。

综合地质图上表现的主要内容参见本章第一节有关部分。综合地质图可以反映区域地质填图中实际工作的详细程度、工作量的分布情况和各种地质体被控制的程度，也可作为衡量填图工作质量，检查被划分出的各种地质界线可靠程度的一种依据，它是野外验收阶段重要的审查图件之一，也是编制地质图和其他有关图件的基本图件资料。

综合地质图清绘着墨时，应先绘各种观察点、样品采集点、山地工程及钻探工程等符号及其编号，然后绘断层，再绘其他各种地质界线，各种界线不要穿过各种符号和编号，最后注记各种时代符号（凡是被各种地质界线和断层线圈闭的范围均应注记时代符号）。

综合地质图（实际材料图）的图例拟定应在整个编图程序之初，但其定稿清绘却在整个编图程序的最后，这是因为编图过程中可能对图例进行某些增删或修改。

图例的位置、格式和要求按第二代1∶50000区域地质填图组图的要求，图例摆放在图的右边，自上而下的排列应按下述系统：地层（包括火山沉积岩及区域变质岩，按时代由新到老排列）、岩浆岩（按时代由新到老和由酸性——中性——基性——超基性和碱性的顺序排列）、岩脉、蚀变岩石、实测与推测的各种地质界线、实测与推测的各种断层线、各种产状符号、各种观察点和线、各种采样符号、探槽、浅井、钻孔、实测剖面位置及其他。

六、野外标本、样品的采集和整理

（一）标本、样品的采集

变质岩区野外填图过程中和测制剖面阶段，采集的标本数量及品种都比较繁多。

采集标本、样品的要求、标准及有关内容，可参见采样规范或本章沉积岩区野外填图采集标本、样品的有关内容。

现按其种类与用途、意义及采集数量多少为序简要叙述如下：

1．陈列标本

采集的数量最多。包括图幅内主要变质岩石的各种类型。

所采集的标本，在野外可供图幅填图时，各路线实物对照，验收时可供专家组鉴定与参观指导，验收后作为实物保留于陈列室中存档。

2. 岩矿鉴定标本

采集数量多。

用于岩矿薄片鉴定：矿物鉴定与岩石定名；对变质显微构造（变余结构与变质结构构造）的研究。研究变余结构构造，主要用于恢复原岩；研究变质结构构造，主要用以探讨构造变形、变质作用的状态和划分变质带、变质相、变质系（特征矿物鉴定）。薄片域的变质显微构造与野外大构造之间具有十分密切的关系，二者有几何动力学上的相似性。为此常采集一些构造定向标本进行组构分析。

3. 硅酸岩分析样品

分析岩石的化学成分，为研究岩石建造、原岩恢复提供分析资料。

4. 岩石光谱分析样品

分岩石光谱全定量与半定量分析两种，用于检测岩石中微量元素的含量。

5. 古孢粉鉴定样品

古老的变质岩层是"哑"地（岩）层。采集孢粉鉴定样品，进行微石（微体化石）研究，用于古环境探讨及时代对比。

6. 同位素地质年龄测定样

一般送铀——钍——铅（U——Th——Pb）法或铷——锶（Rb——Sr）法样品，测定地质体的地质年龄（时代），为建立层序或变质变形序列提供强有力的根据。

7. 包体样品

用于探讨变质作用的成因和当时所处物理化学的状态（温度）。

（二）标本、样品的整理

陈列标本要在标本左上方涂上宽 1.0cm，长 2.5cm 的白漆，待干后再写上标本号，填写好标本签（每天要在室内完成）。

其余标本均按采样规范进行采取，填写送样单（一式三份），收队后及时交送到有资质证书的实验室或研究院（所）检测（须签定鉴定合同书），以便尽快获取检测报告单。

第四章　室内综合整理

通过野外地质填图，收集了大量填图区的地质、矿产方面的地质资料，包括众多的文字记录、图件、实物（即各种标本样品）等，必须经过一番整理研究以后，再加上野外踏勘和实测地质剖面中收集整理后的资料，最后编制出一批成果图、表和编写地质报告书。因此，室内综合整理是整个野外地质填图中一个非常重要的工作阶段。

第一节　沉积岩区的室内综合整理

室内综合整理阶段工作的主要内容是将野外所收集到的各种地质资料在室内进行整理研究，使其条理化、系统化和图表化，编制出一批成果图图件。

一、地质资料的综合整理

野外地质填图资料的室内整理包括两类，一类是原始资料的综合整理与分析；一类是在此基础上编制各种基础图件。

（一）原始资料的综合整理

作为野外地质调查队在进行野外地质填图时，地质资料的整理包括当天的资料整理（简称日整理）、阶段性的地质资料整理（简称阶段整理）、年度的地质资料整理（简称年度整理）、野外验收前的地质资料整理和最终地质资料的综合整理等。而作为地质填图实习，时间不长，内容有限，所以本书只对日整理、阶段整理和野外填图结束后的室内综合整理的主要工作内容作简要的介绍。

1. 当天资料整理

在野外地质填图过程中，每天都要把当天的野外工作所取得的原始资料进行整理，做到当天资料当天整理完毕。其主要工作内容如下：

（1）整理当日的野外记录本，整理路线地质剖面图、素描图及地质摄影资料。对各种原始图件（除地质界线外）都用墨汁着色，野外手图上的地质体可用彩色铅笔着色。

（2）对采集的各种标本和样品，进行慎重挑选，去掉不合规格的及多余的部分。对各种标本样品进行统一编号和登记，并填写标签分别包装。

（3）检查、核对文字记录与手图、航片、标本、样品等原始资料间的一致性、并及时修正其存在的问题。

（4）各工作小组之间相互联图，核对其观察内容，交换对地质现象观察的意见。

（5）进行地质路线小结，总结当天所见地质矿产特征及各种地质界线间的相互关系，并注意发现问题和指出解决问题的途径。

（6）研究和确定第二天的具体工作路线，对可能遇到的问题进行分析。例如当天整理联图时，发现两条观察路线间的地质界限不能正常联结，这说明在两条路线之间可能存在横向断层或其他构造问题。据此，在第二天或以后的工作中要适当布置追索路线，及时查明原因。

2. 阶段性地质资料的整理

野外填图进行了一段时间（如时间过半）以后，应进行阶段性地质资料的整理工作，目的是检查在这一阶段中收集的原始资料是否齐全，编录是否合乎要求，工作质量能否达到标准，工作过程中有哪些经验和教训等。其具体的工作内容是：

（1）检查野外记录本、野外手图、标本、样品是否合乎规范和设计的要求。

（2）检查野外手图图面的合理性，肯定的地质界线应着墨，并将其内容转绘于野外清图上。

（3）清理并选送各种分析鉴定的标本和样品，填写送样单，用邮寄或专车送样。

（4）编写野外阶段性工作小结，总结本阶段地质调查的成果，明确主要问题，指出进一步解决的方法。

（5）确定下阶段工作的要点。

3. 室内综合整理

在野外填图工作阶段结束以后，就进入到室内进行最终资料的综合整理与研究，全面系统地整理整个填图实习过程中所取得的各项实际资料，把野外观察到的地质现象与室内分析鉴定的成果结合起来使资料条理化，系统化。在此基础上编制各种综合性地质图件和编写地质实习报告书。

进行最终资料综合整理，总的要求是：各种资料、文字、数据、图表、实物等要严格做到相互对应和密切吻合，要求做到无遗漏、无错乱，按编号整理清楚后将其装订成册。

最终资料综合整理的主要内容如下：

（1）全面清查各类实物标本及其登记和编录情况，对错漏或混乱进行必要的改正。

（2）全面清理并审检各类分析鉴定报告，并分类装订成册，注明种类和编号；核对分析鉴定报告的正确性及可利用的程度；对重要的薄片、光片要进行镜下检查鉴定，并据此对有关原始资料进行标注、修正和补充。

（3）全面检查各种野外记录本的内容是否完整，项目是否齐全，格式是否统一，文字材料与原始图件是否一致等。经检查后的记录本，应统一注册编号，对观察点的点号要在目录中标明，以备查阅。

（4）全面检查各种野外图图面内容的完整性和图面结构的合理性，对航空照片遥感图片最终进行室内解译，选出典型的解译标志，另绘成图，以备必要时编入报告内。

（5）综合研究各个实测地层剖面的柱状图，分析同一时代地层在不同地段的地层层序、岩性等特征，以及岩层组合、岩相特征、接触关系、厚度变化等，对全区剖面资料进行综合对比，编制地层柱状对比图及综合柱状图。

（6）地质构造的综合分析，把各种褶曲、断层、节理、劈理等构造的形态、产状、性质、规模等分别编制成图表。

（7）各种矿床（点）的观察资料，结合有关的前人工作成果进行综合分析，按矿种及其成因类型，分类归纳出它们的共同特征，编制矿产图。进而分析成矿控制因素、找矿标志、矿产在时间上和空间上的分布规律等，最后编制成矿规律图和成矿预测图。

（二）基础图件的编制

图件资料是地质调查最终成果的一种重要表现形式，编制各种图件应做到主题明确、资料真实、内容完备、结构合理、图例统一、清晰易读和精细美观。要保证平面图、剖面图、柱状图等各种图件之间的一致性以及图件与文字报告和各种表格的一致性。

地质图是野外地质填图中最主要的成果图件，而编制地质图的基础图件有多种，这里主要介绍如下两种图件的编制方法：

1. 实际材料图的编制

编实际材料图是反映地质填图中调查研究程度、工作量分布情况和各种地质体被控制程度的图件，是编制地质图的基础。实际材料图的编图依据是各填图组的野外工作手图，要采用与野外手图相同的地形图作底图，各组野外手图上的内容要尽可能转绘于实际材料图上。如图面负担不了，可将产状要素、采样点、局部性的岩性变化及标志层、不重要的小地质体和植被与地貌特征等，有选择地转绘。其余的内容则是实际材料图不可缺少的，必须全部转绘。因此，实际材料图也是各填图组野外手图的综合表现形式，属于原始资料范畴。

实际材料图的基本内容与野外综合地质图（野外清图）的内容相同。因此实际材料图的编制实质上是野外手图的描绘和补充。当野外综合地质图的质量很好时即可作为实际材料图。有关野外综合地质图的内容参见第三章第一节，此处不再重复。

2. 综合地层柱状图的编制

综合地层柱状图概略地反映测区的地层系统、各时代地层的岩性、层序、厚度、接触关系、含矿性、时代依据等。该图应附于地质图左侧，以便于对照。它的主要内容应包括地层系统（按界、系、统、阶及岩石地层单位名称）、地层代号、地层柱状、岩层厚度和岩性描述等（参见图 4-1）。

综合地层柱状图是在实测地层剖面图、地层对比图的基础上经过综合分析、简化归纳而编制的，其地层厚度一栏应注明最大、最小厚度，审定接触关系后用符号表示在地层柱状中，有代表性化石名称及产出层位应放在文字描述中。综合地层柱状图的比例尺可大于地质图比例尺，要使最小地层单位能得到清晰反映，同时图面负担不要太重。对巨厚岩层可用截短符号予以适当缩短。

二、地质图和其他图件的编制

（一）地质图的编制

地质图是地质填图工作的主要成果图件。它按比例尺要求综合反映了调查区的地质特征，所以地质图的质量直接体现了地质调查工作的质量，应精心编制。

现将地质图的成图步骤与主要内容分述如下：

1. 地形底图的选择

地形底图应是符合要求的国家测绘机关最新出版的正规地形图，但对图上的地形地物要素可进行适当简化，以便清晰地表示地质内容。

2. 拟定地质体的取舍、归并及扩大表示的方案，其原则是：

（1）最终地质图仅能表示直径大于 2mm 的地质体和宽度大于 1mm 条带状的地质体对小于这个限度的地质体，除必要扩大表示的个别情况外，要进行合理的归并。

（2）对细小密集的岩脉群如不能合并时，可选有代表性的几条岩脉加以表示。但对含矿岩脉不可过多地简化，必要时可适当扩大表示。

（3）对厚度很小的标志层、含矿层等，可放宽到 1mm 来表示，有特殊意义的小岩体、有代表性的薄地层，也应放大到 1mm 表示。

（4）所有放大表示的地质体其所属层位、形态、接触关系等都应相应保持其真实状态。

3．拟定图例

在编图之初应拟定测区的图例。在编图过程中，可根据实际需要，再进行适当的增删或修改。图例应按照有关规范规定，并力求简洁美观，易于区别和记忆。图例应包括各种线条、符号、文字代号和简短的说明等内容。图例的数量依照图面实际的地质内容（包括归并和扩大表示的内容）确定。图例的排列按规范所编排的系统绘制。（目前，野外队在沉积岩区 1∶50000 区域地质填图中，地质图的图例多按岩石地层单位的纵横向关系排列，并表示与年代地层单位的对比。这种形式的图例有效地突出了各类地层单位之间的纵横向变化和穿时特征。）

4．编制地质图

编制地质图应严格按照地质体取舍方案以及拟定的图例进行，从实际材料图上准确地将多种线条、代号、符号等转绘到准备好的地形底图上。其内容包括实测的或推测的各种整合地层界线或不整合接触界线，侵入体与围岩的接触界线和侵入岩的相带界线，蚀变带界线，变质带界线，各种性质的断层线，各种小岩体及岩脉，有代表性的地层产状、断层产状、岩浆岩原生构造产状及变质岩片理、片麻理等。并包括各类地层、岩体的时代代号，主要的化石产地及同位素年龄样品采集地，重要的钻孔及坑道工程位置及编号等。要确切地表示出地质体之间的相互关系和产状特征，在确认转绘准确无误后，进行着墨着色。

5．编制地质剖面图

为了形象地表示测区的地质构造特征，在地质图下面应附有一至二条贯穿全区的图切剖面。剖面线的方向应垂直于测区的主要构造线方向，并位于地质构造特征较典型及地质内容较齐全的地段。剖面图的比例尺与地质图的比例尺相同。

图切剖面本是在地形剖面基础上标绘出剖面所经过地段的地层界线、岩体界线、断层、岩体等各种地质要素。其空间形态要按其产状特征标绘并参照原始记录资料加以校正，尽量做到真实、合理，并与平面图相吻合。各类地质要素均以相应的岩性花纹、构造符号等表示，并注以代号。地形剖面上的地形、地物要素也应选择有代表性的予以注记。剖面图两端应标明各自的海拔标高、方位及剖面代号。

6.1∶50000 地质图编图原则简介

所谓地质编图，主要是研究如何将野外收集到的丰富多彩的地质资料科学而完整地表现在图上的方式、方法和程序。地质编图的原则主要有下面几方面：

（1）填图单元的表示

国内、外沉积岩区 1∶50000 地质图均以岩石地层单位为填图单元。

1）组及正式命名段和层的编图组是区域岩石地层划分和 1∶50000 填图的基本单位，它是区域地质研究中最重要的单位，因此一般来说 1∶50000 地质图上应把每一个组都填绘。

组内正式命名的段和层虽然也是重要的填图单元，但它们是辅助说明组的特征的，段只在其顶、底界线能被准确填绘时才参加编图；层则多以特殊的线条或色线来表示。

2）非正式岩石单位的编图

为了便于进行区域地层研究在大区内取得一致，提高岩石地层划分和地质图的灵活性与稳定性，组不宜划分过细过小。组过细不仅不能充分显示丰富多彩的客观地质现象，反而会导致岩石地层划分的僵化和地质图的呆板化，就无生动活泼可言。而将地层序列内的特殊生物富集层、旋回、事件层、局部的岩性变化、成岩变化、动力变形变质、矿化等等，作为非正式单位参加编图，充分利用颜色、符号、线划的变化，以灵活的方式、较多的层次加以表示，却能在保持图面总体脉络清晰的基础上具体反映更多的细节。

非正式段，如1、2、3段，上、中、下段，砂岩、页岩、灰岩段等，也是常用的编图单位。这种单位虽不像上述那些非正式单位那样具体、详细，但仍然是不可少的。如组内的某一部分被命名为正式段后，其余的可称为非正式段。非正式段已为大家所习用，但无必要正式命名时，仍应沿用。当组的厚度大，岩性渐变，或地质构造、岩性变化特别复杂时，用非正式段配合上述其他类型的非正式单位（如构造混杂岩、糜棱岩等）编图是必然的。

3）群的编图

除以组为基本单位外，为了保证图面的真实性，对那些厚度特别小的组不采用夸大表示方法而采用并组为"群"来表示。但并组为群一定要遵循地层指南的规定，不能任意强行归并。

（2）图式

为了充分利用有效印刷版面反映地质图内难以表现的重要细节，使地质图各具特色，图式应根据测区地质构造情况和印刷技术要求灵活确定而不作统一规定，以免千图一式。地质图可以安排在版面的中部，也可以安排在版面的一角，图名、图幅编号、比例尺、资料来源、责任表、接图表是地质图不可缺少的内容。图框外其余版面可灵活编排图例和其他辅助说明测区地质特征的图表。但这种图最好少而精，不要搞"花架子"。为提高地质图表现力应该在主图上下功夫（地质图式参见图4-1）。

（二）构造纲要图

构造纲要图是以线条、符号表示调查区构造特征的图件，是为了形象地反映该区的主要构造特点及其构造发展史而编制的。

构造纲要图以小于或相同比例尺的地质图作底图，其主要内容包括：

1．简化地层界线及各种不整合界线；

2．侵入岩与围岩接触界线，岩体的原生构造和岩脉；

3．各种有代表性的产状要素符号；

4．各种性质不同的断层线，并标明其产状、形成时代和规模大小（对隐伏断层也用一定线条表示出来）；

5．面理、线理的统计资料；

6．不同的褶皱轴线应以不同线条的粗细和长短表示规模，用不同颜色表示其形成的时期；

7．因应力形成的破碎带、硅化带；

8．构造盆地、穹隆以曲线和符号表示。

（三）矿产图

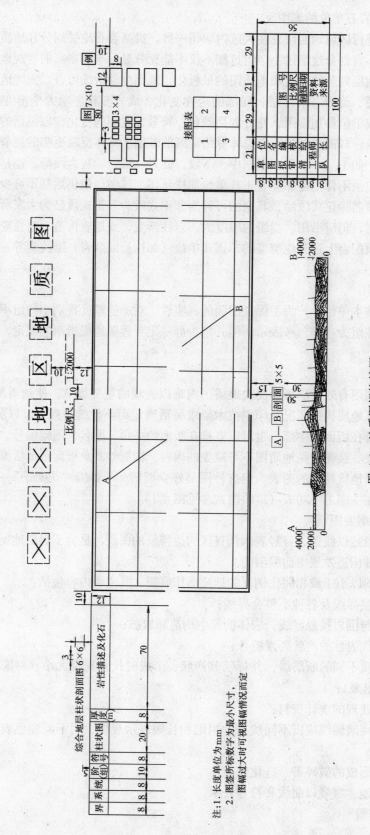

图 4-1 地质图规格格拣图
（据卢选元等，1987）

注：1. 长度单位为mm，
2. 图签所示数字为最小尺寸，
图幅过大时可视图幅情况而定

矿产图是综合反映测区各种矿产分布状况的图件，它是研究成矿规律、控矿因素的主要资料。矿产图以地质图为底图，在其上标出图幅内各种矿产的位置和规模，以及各种异常范围和成因。

矿产图的编制方法及主要内容如下：

1. 以同比例尺地质图作底图，但图的色调要浅，以便于清晰反映矿产内容。

2. 全面准确地用符号标出测区内所有已知矿床、矿点、矿化点和各种异常区（点）（符号的所在位置即其产出位置）的规模、矿体形态、成因类型、成矿时代和找矿标志等，分别用符号大小、代号或颜色等标出；并标出各种异常的种类、等级和范围。

3. 对图内的全部矿床、矿点、矿化点，不分矿种，由西往东，自北向南进行统一的连续编号，并将编号注入矿产登记卡的相应栏内。

4. 一般矿产与特种矿产应分别成图。

5. 矿产图的图例、图式按规范要求编绘。

除上述各种图件外，根据需要还可编制其他的成果图件，如成矿规律与成矿预测图等。

第二节　岩浆岩区的室内综合整理

一、地质资料的综合整理

地质实习虽是模拟地质队区调生产的过程，但在工作的环节和内容上要少及简单，主要是模拟基本的区调填图过程。所以室内的综合整理根据地质实习的具体情况和要求、工作的进度，分为以下三个方面。

（一）当天资料的整理与分析

（二）阶段性地质资料的综合整理与研究

（三）最终地质资料的综合整理与研究

这三个方面的地质资料室内综合整理的基本内容、方法、步骤及有关要求，在沉积岩区的室内综合整理中已作了详细介绍。参见本章第一节相关部分。

由于岩浆岩区（主要为花岗岩类区）的区调填图是根据同源岩浆演化的理论，应用单元—超单元的填图方法，对深成复式岩体进行详细解体。分解填绘出若干侵入体。建立单元，归并超单元，进而建立起测区乃至片区花岗岩类岩石谱系单位。这是一种与沉积岩区填图完全不同的方法，所以其资料综合整理有自身的内容，分述如下。

1. 花岗岩类岩石的室内鉴定与研究

在花岗岩类区路线调查过程中，必须采集必要的代表性标本，供室内进行研究，以便检查、验证、修改和补充野外观察所获得的认识，尤其是在显微镜下，可以对矿物的种类和特点、岩石的结构构造和矿物的生成顺序进行更精确的观察。这样研究的目的不仅在于可以为岩石更准确的定名，更重要的还在于获得有关岩石成因和演化的重要信息，为花岗岩类等级体制的划分和对比提供更充分、可靠的依据。

为了使野外观察同室内研究能更好地互相配合，最好在图幅踏勘阶段就采集不同类型的代表性岩石标本进行显微镜下初步的鉴定与研究。这样可以帮助在野外填充图过程中掌握岩石特征和鉴别标志，有利于正确划分岩石类型、研究岩性变化，以便正确地圈定侵入体。随着填图工作的深入，室内更应对所采集的样品进行深入、系统的研究，为花岗岩类单元、超单元的划分提供依据。

2．花岗岩类岩石的岩石化学和地球化学资料整理与分析（具体方法详见花岗岩类区1：50000 区域地质填图方法指南）

（1）岩石化学的整理与分析的基本要求

研究花岗岩类化学成分的意义在于确定岩石类型，研究岩石碱性程度，探讨岩浆的演化与成矿的关系及岩石成因。随着电子计算机在数据处理方面的应用，岩石化学研究方法已有不少新的发展趋势。研究的基础资料是岩石的化学全分析资料，通常分析项目包括：SiO_2、TiO_2、AL_2O_3、Fe_2O_3、MgO、MnO、CaO、Na_2O、K_2O、P_2O_5、H_2O^+、Cl^-、S^{2-}、CO_2、烧失量等 17 项。在花岗岩类区区调中，对于岩石化学资料的整理与分析，应针对不同的研究目的，采用不同的研究方法和鉴别图表。可以采取直接比较的方法进行对比，也可以通过计算后的参数值进行比较。在许多情况下，直接对比简单醒目，效果好。但当数据多时，其对比数值关系及图表都很多，不便于了解总的变化特点，而化学计算方法不同程度上可克服这一缺点。目前常见的几种计算方法有扎氏法、尼格里法、巴尔特法、城特曼法及 CIPW 计算法等，其中 CIPW 标准矿物计算法应用较广泛。

1）图解形式

岩石化学的图解形式很多，主要有以下几种：

三角图解：一般是三种或三组氧化物含量、分子数或原子数、"标准矿物"等到算成百分数，投影于等边三角形中进行比较。常用的有 Q—Or—Ab 图解，A—F—M 图解（即 $A = Na_2O + K_2O$，$F = FeO + 0.9Fe_2O_3$，$M = MgO$ 皆为质量百分含量），Na—K—Ca 原子量图解（以原子数分别乘以原子量即得原子质量）或 $(Fe^{+2} + Fe^{+3})$ — $(Na + k)$ —Mg 图解等等。要根据对比的目的和岩石化学特征选用有关图解。

直角图解：一般是采用直角坐标系的变异图。式样较多，根据要求与目的可以选用不同变异图。

（A）以氧化物为纵坐标，以岩体形成时代、不同超单元、不同单元、采样距离或酸度、标准矿物 Q 值、分异指数 Q + Or + Ab 等为横坐标。以研究岩浆空间上和时间上的演化规律。

（B）以 SiO_2 为横坐标（有时用 MgO），其他氧化物或两种氧化物之和为纵坐标。如 SiO_2—$(Na_2O + K_2O)$，SiO_2—TiO_2，SiO_2—Al_2O_3、SiO_2—MgO 及 MgO—$(Fe_2O_3 + FeO$-DR$)$、MgO—TiO_2 等，均可进一步了解各单元的演化特征。

（C）还有其他一些式样，如以固结指数为横坐标，氧化物为纵坐标；以某一个计算值或二个计算值的比值或某两种氧化物的比值为横坐标，其他计算值或有关比值为纵坐标，均可获得岩浆活动的有关信息，可以根据需要选用。

2）选用图解形式的基本原则

以上已经提到根据解决问题的目的选用不同的图解方式。但一般来说，选定一种计算法，则应采用相应的图解形式。如根据 CIPW 标准矿物计算法，则主要采用标准矿物或有关的参数来作图，这样有利于系统了解岩浆活动的某些规律性。

3）分析数据和计算值的实际运用

岩石化学数据的应用是十分广泛的，但在花岗岩类区区调中主要用于以下几个方面：

（A）花岗岩类的岩石化学分类

（B）确定岩体的岩石化学类型

（C）岩浆演化规律以及岩浆分异作用和同化混染作用的研究

（D）岩体时代对比

（E）岩体与成矿关系的研究

（F）岩体形成温度和压力推测

⑵ 微量元素的整理与分析

在花岗岩地区的区调中，由于微量元素能提供常量元素所不能提供的许多信息，所以微量元素的研究日益得到人们的重视。其研究内容大致有以下几个方面：1）微量元素的丰度变化及其组合与花岗岩类岩石化学成分、矿物组合之间的关系；2）微量元素的丰度变化及其组合与花岗岩类岩石的岩浆演化之间的关系；3）微量元素丰度变化与花岗岩类岩石成矿之间的关系；4）微量元素丰度变化与花岗岩侵入体时代、成因类型、岩石类型之间的关系；5）通过数据统计研究微量元素分布特征及其地质意义。

关于图解形式亦有多种多样，有坐标形式和标准形式，如三角坐标图解、直角坐标图解、洋中脊花岗岩类标准化图解等，根据目的和要求可以任意选择使用。图解及研究的内容有：

1）时代对比

2）岩浆演化规律

3）微量元素与氧化物相关性研究

4）探讨花岗岩类成因

（3）人工重砂资料的整理及副矿物的研究

研究花岗岩类岩石的副矿物是区域地质调查中广泛使用而又行之有效的一种方法，对于探索岩体形成年龄、花岗岩类岩体成因、岩浆的同源性、侵入体的含矿性、岩体的剥蚀深度、同化混染作用以及某些稀有元素的分布特征及其成矿规模等方面都能提供重要的资料。

人工重砂法是副矿物研究的基本手段，研究的内容包括：

1）副矿物晶形

2）副矿物的颜色和透明度

3）副矿物的包裹体

4）副矿物的蚀象

5）副矿物组合

（4）稀土元素资料的整理和分析

稀土元素地球化学是一门新兴的地球化学分支学科。它研究稀土元素在自然界的分布及赋存形式，探讨它们在地球各种岩石、矿物中的组合关系，为研究地球演化与岩石成因，为寻找矿产提供科学依据。

花岗岩类在地壳中广泛分布，利用稀土元素探讨花岗岩类源岩物质组成、花岗质岩浆来源、部分的熔融程度与残留相性质，以及分异演化等能提供有价值的信息。

稀土元素地球化学数据的整理方法基本上可分为两大类：图解法和参数法。

（5）同位素地球化学资料的整理

利用同位素地球化学资料，并与微量元素相结合，在解释岩石成因和物质来源方面，可以提供许多重要的信息。

3. 在地质资料室内整理时，经常要填制有关的卡片、表格，花岗岩类单元综合记录表（附录）就是常用的一种。该表一般在主干路线跑完之后，或实测剖面之后以及阶段性地质资料的综合整理时填写，也可带出野外在观察路线上填写，但它与记录本的性质不同，回到室内后要进行归纳整理。

二、主要成果图件的编制

（一）实际材料图

（二）地质图

（三）构造纲要图

（四）其他图件

以上这些成果图件的编制内容和方法均与沉积岩区相同，参见本章第一节相关内容，另外，补充如下：

根据我国现行1∶50000区调工作地质图编制方法和内容反映原则，地质图上花岗岩类部分的表达内容及要求可归纳如下：

1. 以侵入体、岩脉、岩墙、蚀变带、变质带表示的地质实体，在图上用不同的线条圈出其范畴，标以特定的颜色及岩性符号（规模小的岩脉、岩墙可不标岩性花纹）和蚀变、变质花纹。

2. 花岗岩类以单元为表示单位，标以由时代和单元名称组成的代号；没有划归单元的岩脉、岩墙或时代不明的小侵入体标以岩性代号；岩相带、蚀变带、变质带范围内以规定的颜色和花纹表示，保留原来地质体的代号，不再另加代号。

3. 各花岗岩侵入体间的各种接触关系及花岗岩类与沉积岩、变质岩间的侵入接触关系，以及不同蚀变带、变质带间的渐变过渡关系等界线，应选用既能相互区分又有别于地质图内已有的各种地质界线和测绘地理界线（如省界、县界、国界线）的不同线条表示，以免混淆。

4. 花岗岩类与沉积岩、变质岩之间以及不同花岗岩侵入体之间的接触面产状，花岗岩体内及沉积岩、变质岩、围岩中的叶理、线理及其产状，应尽可能多表示，数量过多、密度太大时可有选择地删去一部分。

5. 图切剖面应尽量选择在所穿过的超单元数最多、超单元包括的单元最完整且通过超单元侵入体接触关系或沉积接触关系地段。

6. 在综合柱状图或图例中，花岗岩类应尽量以柱状形式表示，以便醒目地突出各超单元、各单元的花岗岩的先后形成关系以及花岗岩类与沉积岩地层的上下关系。

7. 尽量利用地质图周侧的有效空间，插附调查区花岗岩类的一些具有规律性或典型的图表，以补充地质图本身的不足。

8. 花岗岩类区单元、超单元地质代号表示。

（1）单元

单元是花岗岩类区最基本的填图单位，按照国际地层指南（1976）应属广义地层学范畴。从岩浆演化的持续时间上，一个单元大约为3～5Ma，一个超单元大约为10～15～20Ma，它们分别相当于岩石地层单位的组与群，年代地层单位的阶与统。因此，其表示方法基本上要与岩石地层单位相符合。

表示方法：地理专有名称加术语构成。如：春坑单元 T_3C，T_3 为时代，C 为春坑第一个汉字"春"的汉语拼音的第一个字母（大写正体字）。相同时代两个单元第一个字母相同时，则晚单元加第二个汉字的汉语拼音第一个字母的小写斜体表示。如：石教坪单元 J_3Sj，相当于阶，因此，其时代应尽量表示到世。.

（2）超单元

超单元是在岩石学和演化序列的特征上具有相同或相似性，在时间上相近的两个或两个以上单元的总称，其在图上表示不用专门代号，而只在图例中给予标明。

（3）侵入体

侵入体是花岗岩类区填图的地质实体，凡能划归为某一单元时，其表示方法按单元表示；不能划归为某一单元的独立侵入体，其表示方法为地理专有名称加岩性，如长坪二长岩为 $C h\gamma$；小岩墙及岩脉只表示岩性，如辉长脉为 $\beta\mu$。

第三节　变质岩区的室内综合整理

一、地质资料的综合整理与分析

按照变质岩区 1:50000 区调填图工作程序，除设计阶段的收集资料的室内综合整理外，整个野外工作其余的室内整理，可概略分为：二个阶段（野外工作、最终报告编写阶段）；三类级别［初级（日整理）、中级、高级（最终综合整理）］；六种类型（日整理、阶段——年度整理、剖面整理、验收整理、补课整理、最终综合整理）。最终报告编写阶段的综合整理为狭义的室内综合整理，本节专述狭义的室内综合整理的内容。

室内综合整理是地质填图野外工作全部结束转入报告编写阶段后进行。综合整理的过程就是综合分析研究的过程，也是编制各种成果图件和地质报告构思的过程。

最终室内综合整理是在已往资料整理的基础上，更全面、更系统地整理各项实际资料及鉴定、测试分析成果，进行深入分析研究，使其系统化、条理化，总结经验由感性认识上升到理性认识，得出符合实际的认识。其深度与精度直接影响整个最终成果的质量。一般来讲，最终室内综合整理分析研究包括三个方面：即地质资料的综合整理与分析研究、定稿图件的编制等。简要叙述如下：

（一）原始资料的整理与分析

原始资料整理与分析的内容和要求参见本章第一节有关内容。除此以外，还应进行以下工作：

1. 收回各组的野簿，按规范要求先自检，小组交换复检，技术负责或队长抽检。检查内容：野簿是否核查过，格式是否标准，文图是否一致，写出质量报告单，然后统一编号，以便于查阅。

2. 综合测制的各变质岩剖面资料，结合鉴定结果编制变质相图，变质事件图表、综合地层柱状图等。

3. 对变质岩区的构造研究综合深入分析，编制构造变形事件演化图表、图切构造剖面，并建立构造演化模式图等。

4. 全面地审查各种野外图件（如综合地质图等）内容的完整性，图面结构。完善充实遥感解译报告。

总而言之：原始资料的综合分析研究要做到整理全面性、综合逻辑性、分析严谨性、图表艺术性。

（二）各种基础图件的编制

变质岩区最终整理要编制的基础图件非常繁多。要根据工作的任务和性质，工作区的地质特色以及要达到的目的来编制基础图件。各种图件的编制必须做到：主题明确、资料真实、内容完备、精度良好、结构合理、层次分明、表达新颖、图例统一、清晰易读、美观完整。

下面只对几种常见的基本图件的编制要求予以介绍：

1. 实际材料图（亦称综合地质图）

它是最基础的基本图件之一。是任何岩区地质图的前身。比例尺为 1:2.50000。具体编制要求参见第三章第三节综合地质图的编制内容。

2. 遥感地质解译图

遥感地质解译图亦是最基本的图件之一。比例尺 1:50000。在野外路线观察、调绘、建立了更清楚的解译标志后，在前期遥感地质解译图（草图）的基础上修编即可。编制方法参见第一章第一节的有关内容。

3. 地质构造图（亦称构造纲要图）

它是地质报告构造部分的重要图件之一，用来作为表示区域构造特点的基本图件。它是以地质图为基础和对大量实际资料的综合分析后，用规定的符号，先将图面规模较大的断层画出，然后画出构造层或构造运动面的界线，最后把褶皱轴表示出来。用此图阐明区域中构造特点和构造发展史。具体编制方法参阅《构造地质学实习教材》。值得说明的是：地质构造图的比例尺为 1:50000，但要缩小图面。

4. 其他图件

综合地层柱状图的编制可参见本章第一节有关内容，对图切地质剖面的编制及要求可参见构造地质学有关内容。

还有地质事件序列图、叠加褶皱构造图以及常见的综合地层柱状图、图切剖面图的编制。编制各种综合表格，如：地层（岩层）划分及对比表；变质侵入岩划分表；构造事件表以及地质报告中所附的各种表格和插图等。具体做法可参照有关变质岩区样板图的做法。

二、地质图和其他图件的编制

（一）地质图的编制

地质图是地质工作最基本和最重要的地质成果图件，它是在实际材料图中地质内容的基础上，经过对各种实际地质资料分析及鉴定，综合整理后定稿编制而成。为使地质图图面清晰、重点突出，编制变质岩区地质图时，一要简化地形图；二要对某些过小、过密的地质体进行取舍、归并；三要对各种产状要素进行合理的选择（与实际材料要求不一样）并予以表示。做到内容真实准确，图面结构合理，色调协调，清绘清晰，字体美观。（目前，已采用电子计算机分色成图，只需提供编稿清图即可。）

变质岩区的地质情况复杂，内容丰富。地质图上反映哪些内容，以及如何表示，目前尚无固定格式，而是随研究程度和工作区变质地质的实际情况的不同而不同，但都应以反映地质各方面特点的内容为重点进行表示。变质岩区地质图表示的内容除按一般地质图要求的内容外，还要充分表示特征性的内容。

1. 图框内表示的内容

（1）残留的原岩结构构造，包括原生示顶标志。

（2）不同期次韧性变形带。对每一期次韧性变形带表示其变形强度（划分不同强度的变形带，或划分强变形带及弱变形带），变质相，动力学和运动学标志。

（3）不同类型不同期次的构造要素（包括区域变形的面理、线理、褶皱枢纽等）及次生示顶标志。

（4）区域变质相、带、退变质带和相应的示相标志矿物或矿物组合（用花纹或符号）。

（5）变质深成岩中的不同类型不同成分和形态的包体。

（6）凡对构造期次或地质事件序次具有划分意义的岩墙群，不论规模大小均应表示。

（7）代表性同位素年龄数据。

地质图上所反映的上述地质内容，其表示形式可参考有关图式图例，其原则要求是各种地质内容要醒目，彼此易于区分，读图方便。

2. 图框外表示的内容

（1）图例

（2）地层柱状图

（3）构造剖面图

（4）变质相图

（5）典型的特色图（叠加褶皱构造图、综合地质事件图等）。

图框外所反映的地质内容及表示形式（或格式）要灵活，根据版面大小及图面地质特点而定，要以反映工作区构造为重点，版面安排合理，美观大方。

（二）其他图件的编制

前已叙及几种应存档的最终成果图件。此外，还有矿产图、成矿预测图等，其编制方法可参见本章第一节内容。

第五章 地质报告书的编写

绪 言

地质报告书的编写内容应包括：工作任务，目的要求，测区的交通位置、自然和经济地理概况，工作起止时间，完成工作量及所取得的成果，测区地质调查历史及其主要成果和结论等。还须附测区交通位置图、测区地质研究一览表和工作量完成表。

第一节 地 层

首先应简介测区地层发育的概况，介绍测区地层系统，列出地层关系一览表。然后从老到新，按划分的地层单位，叙述各地层单位的发育情况和分布范围，总体岩性及岩相特征，厚度大小及其变化；要说明相邻地层之间的接触关系；指明古生物化石种属及其时代，并简述时代依据；对地层单位的划分和对比，要有实际资料，也要有分析对比意见。

要描述标志层的特征。描述含矿层的矿体层位、层数、厚度、品位、产状、分布及其变化情况。

在此基础上进一步论述沉积地层序列的形成环境及作用等。

对含矿的第四纪沉积物，要描述其成因和物质成分特征、分布情况，如有古人类遗迹或文物时，应对出土地点、周围的自然环境和地质环境做详细叙述。

本节应附各时代地层的实测剖面图、地层柱状图、接触关系素描图等。

第二节 岩 浆 岩

一、概述部分

本部分主要简述调查区岩浆活动的规模，火成岩或花岗岩类出露的地质位置、形成时期、活动形式、产状以及岩石类型和各自所占比例。以简表形式表示调查区花岗岩类的时代、超单元、单元，各单元的主要岩性、时代确定依据及先后形成关系等。在花岗岩类仅占调查区面积的一部分时，本部分应附花岗岩（或火成岩）分布图，图上要突出地表示花岗岩（或火成岩）的主要特征。

二、各论部分

一般以超单元（或独立单元）为单元从早至晚依次叙述。首先简述每个超单元（或独立单元）出露的地理位置、面积、单元划分、侵入体数量等，然后分节或分段详细叙述每一超单元的下列特征：

（一）地质特征

叙述超单元出露的地质位置、侵入或沉积的地层或变质岩、侵入或被侵入的花岗岩、超单元内各单元之间的相互接触关系特征、水平接触面产状变化、水平分带或垂直分带的特点、时代确定依据等。

（二）岩石学特征

根据野外观察、统计及室内分析、鉴定的宏观、微观资料，综合叙述超单元内各单元的岩石类型；岩石的颜色及风化后的颜色，岩石的结构、构造、造岩矿物及副矿物的种类及含量和各自的主要特征；岩石化学成分；微量元素、稀土元素含量及有关特征参数；某些单矿物的化学成分、微量元素含量；岩石或单矿物的稳定同位素值及其他方面，如包裹体测温、高温熔融实验等特征。

超单元内包体较发育的，对包体的发育情况、包体形态、岩石类型、岩石学特点、与寄主岩相互关系等也应作一定或较详细的叙述。包体特别发育、数量很多的也可另列标题专门叙述。

（三）组构、节理、岩脉、岩墙等的发育情况和产状变化规律

叙述超单元内各单元内外的叶理和线理的组成、发育程度、产状及它们在不同单元不同侵入体或同侵入体不同地质位置上的变化规律。超单元（或序列）内出现的岩脉、岩墙，尽量区分其是否与超单元有成生联系，并分别叙述各种岩脉、岩墙的发育程度、分布特点、产状变化、规模大小及简要的岩石特征等。

（四）内蚀变作用和外接触变质作用

对超单元内出现的蚀变作用要分别叙述其分布范围、蚀变强度、作用特点、出现的岩石类型以及蚀变岩石的特点等。

对因花岗岩浆侵入产生的围岩接触变质作用，要分别叙述各带的宽度及其变化、变质作用类型、变质岩种类以及各种主要变质岩的岩石学特征。

（五）岩体的侵入深度、剥蚀程度

依据超单元花岗岩类各方面特征的综合、计算或推算，推测超单元及其所属各单元、各侵入体及其相关岩脉和岩墙的形成深度、受剥蚀的程度。

三、综合特征对比和成矿专属性特点部分

此部分是各论部分的总结与延伸，也就是说，综合特征对比是各时代、各超单元（或序列）特征的综合对比，对各论部分具共同性的问题进行统一综述，不能肯定属于哪个超单元的一些问题，如隐伏岩体的预测，也放于此部分叙述。概括起来。此部分主要包括下述内容：

（一）各时代、各超单元花岗岩类的特征对比和演化特点

主要从花岗岩类的野外地质、岩石学、结构、岩脉、形成浓度和剥蚀程度、成矿作用等方面特征综合对比和叙述各时代、各超单元（或每个超单元中的各个单元）的相互区别以及自早到晚的演化趋势和演化特点。

（二）花岗岩类的成因

根据花岗岩类的各方面特征和标志，叙述调查区各超单元源岩物质的可能来源；并按照花岗岩的成因分类划分原则，叙述各超单元的成因类型；叙述各超单元或各单元、各侵入体花岗岩的形成方式。

（三）花岗岩类的就位机制

据调查区和相邻地区花岗岩类深成杂体岩的总体形态特征及区内各深成体的形态特

点，深成体内外组构的产状、变形种类及形变特点，结合区域地质构造，阐明或推测调查区花岗岩类的总体就位机制以及各个深成岩体的可能就位方式。

（四）隐伏花岗岩体的预测

在沉积岩或变质岩出露区内，根据接触变质作用岩石的分布、中酸性岩脉及气成高温热液矿化的出现和发育程度，结合重力和航磁异常等物探资料以及地球化学资料等，叙述调查区内可能存在的隐伏花岗岩体及其可能规模、可能隐伏深度。

（五）成矿专属性特点

叙述调查区内花岗岩类有关的矿化种类及其分布特点，阐明不同超单元、不同单元的成矿专属性特征，总结与特定矿化相关的花岗岩所具有的主要特点。最后提出调查区内不同超单元、不同单元的找矿远景。

第三节　变　质　岩

首先介绍工作区变质岩的分布发育情况，形成的变质岩是成层有序的还是层状无序的，有哪些类型的变质岩，然后按成因类型分别叙述。对各类型变质岩的矿物成分、岩石类型、结构构造、地质产状、地球化学特征、含矿性（矿化）以及变质作用和构造应力作用的相互关系要加以叙述。要对变质岩的特征矿物、临界矿物及其变质矿物组合结合鉴定报告加以阐述。划分变质带、变质相。阐述变质岩中的岩墙和包体的发育情况。

根据地质产状、岩石化学等特征综合分析，恢复原岩建造。

利用变质岩野外地质产状、变形变质强度差异、结合同位素测年资料，建立本区变质事件表。

本节应附岩石化学分析图、各变质带特征表等。

第四节　构　　　造

首先简介全区构造总的特征，阐明其所处的大地构造位置（板块理论），主要构造或构造运动的划分，主导构造的类型和展布格架以及构造复杂程度的特点等。然后，按构造层或构造运动面（或构造形态类型）详细描述各种构造（褶皱、断裂、推覆构造、断陷盆地等）的空间分布形态、产状、规模和性质等特征，以及形成时期。同时在叙述中要附各种地质素描图或照片，做到图文并茂，文章简明扼要。

叙述时最好遵循由老地层组成的构造至新地层所组成的构造的顺序来进行描述的原则，以便阐述地质构造发展史。同时，这样的顺序也符合地质演化过程。

叙述各类主要断裂时，要阐述其导岩、控矿、促变的机理与特征及相关关系。

结尾时，应结合大区域资料的对比分析，评述工作区内各构造间先后顺序，从属级别和发生发展演化规律，追溯区域地质构造发展简史。

最后须附测区构造纲要图。

第五节 地质发展简史

首先，简要的用板块构造观点描述工作区所处的区域大地构造区位，区内历经多少次构造事件（幕）的影响，区内与此相伴的地质发展时期。

然后，按地质发展时期由老至新分别详细阐述各时期沉积环境及形成的沉积建造；火山活动（洋壳）；构造运动形成的主要构造类型、岩浆活动、变质作用与矿产等状况，海水如何进退，以及沉积环境发生怎样的变化，不同时期的特点及其发生、发展、演化过程。

第六节 矿产、经济、环境、旅游地质概况

简述测区主要矿产资源及潜在远景，城市及重要经济区的"砂、石、土"等建材资源及水文、工程地质条件，与生产建设和人民生活有关的灾害地质、环境地质问题等，并提出具体的保护、预防建议。对有开发远景的地质旅游资源，亦应提出开发利用及保护措施的建议。

第七节 应完成和提交的地质实习成果及结论

一、应完成和提交的地质实习成果

1. 地质报告书；
2. 地质图；
3. 实测地质剖面资料和图件；
4. 原始记录和标本清单、实物等。

二、结论

1. 取得主要的地质矿产成果；
2. 取得的经验教训、存在的问题及今后工作的建议。

附　录

附录一　野外岩石肉眼鉴定表

一、最常见中深成相侵入岩岩石野外肉眼鉴定表

<table>
<tr><td colspan="3" rowspan="4">岩石名称</td><td colspan="2">大类</td><td>超镁铁质岩石
（超基性岩）</td><td>辉长岩类岩石
（基性岩）</td><td colspan="3">花岗质岩类岩石
（中性及酸性岩）</td><td>碱性岩类岩石（碱性岩）</td></tr>
<tr><td colspan="2">一般色率</td><td>>85%</td><td>85%～35%</td><td colspan="2">35%～15%</td><td><15%</td><td>或有碱性暗色矿物</td></tr>
<tr><td colspan="2">石英副长石含量</td><td rowspan="2">无石英</td><td rowspan="2">无石英</td><td rowspan="2">石英5%</td><td rowspan="2">石英5%～20%</td><td rowspan="2">石英>20%</td><td rowspan="2">无石英或有副长石类</td></tr>
<tr><td>长石特点及含量</td><td>主要暗色矿物</td></tr>
<tr><td rowspan="4">有钾长石</td><td>钾长石斜≫长石</td><td>黑云母和/或角闪石等</td><td></td><td></td><td>正长岩</td><td>石英正长岩</td><td>富钾花岗岩</td><td>副长石（霞石）正长岩</td></tr>
<tr><td>钾长石≈斜长石</td><td>同上</td><td></td><td></td><td>二长岩</td><td>石英二长岩</td><td>花岗岩</td><td rowspan="3"></td></tr>
<tr><td>钾长石≪斜长石</td><td rowspan="2">角闪石为主</td><td></td><td></td><td rowspan="2">闪长岩</td><td rowspan="2">石英闪长岩</td><td>花岗闪长岩</td></tr>
<tr><td>斜长石</td><td></td><td></td><td></td></tr>
<tr><td rowspan="3">基本上无钾长石</td><td>斜长石</td><td>辉石</td><td rowspan="2">辉长岩（或苏长岩）</td><td></td><td></td><td></td><td></td><td></td></tr>
<tr><td>斜长石</td><td>碱性辉石等碱性暗色矿物</td><td></td><td></td><td></td><td></td><td>碱性辉长岩</td></tr>
<tr><td>斜长石</td><td></td><td>斜长岩（色率<10‰）</td><td></td><td></td><td></td><td></td></tr>
<tr><td rowspan="3">长石基本无</td><td>橄榄石为主</td><td>橄榄岩</td><td></td><td></td><td></td><td></td><td></td><td></td></tr>
<tr><td>辉石为主</td><td>辉石岩</td><td></td><td></td><td></td><td></td><td></td></tr>
<tr><td>角闪石为主</td><td>角闪石岩</td><td></td><td></td><td></td><td></td><td></td></tr>
</table>

二、最常见浅成侵入岩包括脉岩岩石野外肉眼鉴定表

<table>
<tr><td colspan="2">大类</td><td>超镁铁质岩类
（超基性岩）</td><td>辉长石类
（基性岩）</td><td colspan="3">花岗质岩类（中性及酸性岩）</td><td>碱性岩类（碱性岩）</td></tr>
<tr><td colspan="2">一般色率</td><td>>85%</td><td>85%～15%</td><td colspan="3"><15%</td><td>不定</td></tr>
<tr><td rowspan="2">岩石名称</td><td>主要矿物成分或斑晶矿物成分</td><td>橄榄岩</td><td>辉石斜长石</td><td>角闪石斜长石</td><td>钾长石</td><td>钾长石石英</td><td>钾长石
副长石
（霞石、白榴石、黝方石等）</td></tr>
<tr><td>结构</td><td colspan="7"></td></tr>
<tr><td colspan="2">细粒—微粒</td><td>苦橄岩</td><td>微晶辉长岩</td><td>微晶闪长岩</td><td>微晶正长岩</td><td>微晶花岗岩</td><td>微晶副长石
（霞石）正长岩</td></tr>
</table>

84

大类	超镁铁质岩类(超基性岩)	辉长石类(基性岩)	花岗质岩类(中性及酸性岩)			碱性岩类(碱性岩)
斑状结构 基质:细—微粒	苦橄玢岩	辉长玢岩辉绿玢岩	闪长玢岩	正长斑岩	花岗斑岩	副长石(霞石)正长斑岩
斑状结构 基质:隐晶—玻璃		玄武玢岩	安山玢岩	粗面斑岩	流纹斑岩	
细晶结构(色率均小于10%)		辉长细晶岩	闪长细晶岩	正长细晶岩	花岗细晶岩	
伟晶结构(色率均小于10%)	辉石伟晶岩(主要由辉石组成)	辉长伟晶岩		正长伟晶岩	花岗伟晶岩	
煌斑结构(色率均大于20%)			闪斜煌斑岩 云斜煌岩	闪辉正煌岩(有角闪石辉石) 云煌岩(有黑云母)		

三、喷出岩岩石野外肉眼命名鉴定表

岩类 主要特征	超基性岩 苦橄岩	基性岩 玄武岩	中性岩 安山岩	中性岩 粗面岩	酸性岩 流纹岩
斑晶成分	橄榄石、辉石	橄榄石(伊丁石)、辉石、斜长石	辉石、角闪石、黑云母、斜长石	黑云母、角闪石、钾长石	石英、钾长石
斑晶斜长石成分及其特征	不含或极少含基性斜长石	斜长石为基性,环带不发育	斜长石为中—基性,环带极发育	斜长石为酸性,不见环带	
结构特征	细粒—隐晶结构	细粒—隐晶结构较多,次为粗玄、拉斑、间隐、辉绿结构	隐晶结构较多,次为交织、玻基交织结构	玻璃—隐晶结构较多,次为粗面、霏细结构	玻璃结构较多,次为珍珠、球粒、霏细结构
构造特征	气孔杏仁构造极常见,多呈圆形或管状,孔壁规则,有时见流线构造		气孔杏仁构造极少,形状多不规则,流纹构造发育		
颜色	黑色	黑绿、灰黑色	紫红、紫灰、深灰色	浅灰、灰紫色	浅灰、粉红、黄白色
暗色矿物含量	>90%	>35%	15%~35%		<25%
岩石比重	3~3.2(特重)	2.6~3.1(重)	2.6~2.8(中等)	2.4~2.7(中等)	2.2~2.7(较轻)
常见次生变化	绿帘石、绿泥石	黝帘石、碳酸盐、绢云母化	高岭土化		

四、沉积岩岩石野外肉眼鉴定表

(一)沉积岩的分类表

陆源沉积岩 (细分按结构)		火山物源沉积岩 (细分按结构)		内源沉积岩 蒸发岩	内源沉积岩 非蒸发岩	可燃有机岩 (生物残体)
砾岩 砂岩 粉砂岩 泥质岩	>2mm 2~0.05mm 0.05~0.005mm <0.005mm	集块岩 火山角砾岩 凝灰岩	>100mm 100~2mm <2mm	岩盐 石膏 硬石膏	石灰岩 白云岩 磷质岩 铁质岩 硅质岩 锰质岩 铝质岩 铜质岩 沸石质岩等	煤 油页岩

（二）砂岩的矿物成分分类表

大类名称	编 号	小 类 名 称	主要碎屑颗粒成分含量（%）		
			石英	长石	岩屑
石英砂岩	1	石英砂岩	80～100	0～10	0～10
	2	长石质石英砂岩	65～90	10～25	0～10
	3	岩屑质石英砂岩	65～90	0～10	10～25
	4	长石岩屑质石英砂岩	50～80	10～25	10～25
长石砂岩	5	长石砂岩	0～75	25～100	0～10
	6	岩屑质长石砂岩	0～65	25～100	10～25
岩屑砂岩	7	岩屑砂岩	0～75	0～10	25～100
	8	长石质岩屑砂岩	0～65	10～25	25～100
	9	混杂砂岩	0～50	25～75	25～75

（三）火山碎屑岩分类表

类 型	向熔岩过渡类型	火山碎屑岩类型		向沉积岩过渡类型	
类	火山碎屑熔岩类	熔结火山碎屑岩类	正常火山碎屑岩类	沉火山碎屑岩类	火山碎屑沉积岩类
碎屑物相对含量	火山碎屑被数量不定的熔岩胶结	火山碎屑物占绝对优势，其中以塑变碎屑为主	火山碎屑物占绝对优势其中无塑变碎屑分布	火山碎屑物多于正常沉积物	正常沉积物多于火山碎屑物
方 式 粒度及岩石名称	熔岩胶结	熔结和压结		压结和水化学胶结	
>100mm	集块熔岩	熔结集块岩	集块岩	沉集块岩	凝灰质巨砾岩
100～2mm	角砾熔岩	熔结角砾岩	火山角砾岩	沉火山角砾岩	凝灰质砾岩
<2mm	凝灰熔岩	熔结凝灰岩	凝灰岩	沉凝灰岩	2～0.1mm 凝灰质砂岩
					0.1～0.01mm 凝灰质粉砂岩
					<0.01mm 凝灰质泥岩

（四）碳酸盐岩的矿物成分分类表

岩 石 名 称		方解石含量（%）CaCO₃	白云石含量（%）CaMg（CO₃）₂	CaO/MgO 比值
石灰岩类	石灰岩	100～95	0～5	>50.1
	含白云质灰岩	95～75	5～25	50.1～9.1
	白云质灰岩	75～50	25～50	9.1～4.0
白云岩类	钙质（灰质）白云岩	50～25	50～75	4.0～2.2
	含钙质（灰质）白云岩	25～5	75～95	2.2～1.5
	白云岩	5～0	95～100	1.5～1.4

（五）二成分混积岩命名标准

岩石名称	A成分含量（%）	B成分含量（%）	岩石名称	A成分含量（%）	B成分含量（%）
1.A岩	100～95	0～5	4.A质B岩	50～25	50～75
2.含B（的）A岩	95～75	5～25	5.含A（的）B岩	25～5	75～95
3.B质A岩	75～50	25～50	6.B岩	5～0	95～100

（六）层理按厚度的分类

层理名称	厚度（cm）	层理名称	厚度（cm）	层理名称	厚度（cm）
块状层	>100	中厚层	50～10	微层	1～0.1
厚层	100～50	薄层	10～1	显微层	<0.1

五、变质岩岩石野外肉眼鉴定表

变质作用类型	变质岩	主要变质矿物	结构、构造	产状及其他	可能原岩
热接触变质	板斑点板岩岩石墨板岩角红柱石角岩岩堇青石角岩	绢云母、红柱石、堇青石、黑云母、石墨	变余泥质结构、鳞片变晶结构、板理发育、斑点构造、角岩结构、块状构造	围绕火成岩侵入体产生围岩热变质圈，愈靠近侵入体变质程度愈强，变质矿物出现比较多，晶体长的也比较大，原岩的结构、构造有较大的改造，多形成变晶结构，反之，远离侵入体；则原岩改造的程度比较弱，岩石的结构则以变余结构为主	泥质岩
	变质砂岩、砾岩、石英岩	绢云母、绿泥石、红柱石、赤铁矿、磁铁矿	变余砂状结构、变余砾状结构、块状构造粒状变晶结构、块状构造		碎屑岩
	结晶灰岩、大理岩	方解石（透闪石、阳起石、硅灰石、透辉石）	粒状变晶结构、纤维变晶结构、块状构造		碳酸盐类岩石
接触交代变质	矽卡岩	石榴石、辉石、符山石、绿帘石	不等粒变晶结构、块状构造	似层状、透镜状	中酸性侵入体与碳酸盐类岩石接触带
气成热液变质	云英岩	石英、白云母、电气石、萤石、黄玉	鳞片粒状变晶结构、块状构造	沿气成热液石英脉的两侧发育	酸性侵入岩、沉积岩、变质岩
	蛇纹岩	蛇纹石、滑石磁铁矿	隐晶质结构，块状构造	不规则透镜状及脉状	超基性岩
	次生石英岩	石英、绢云母、明矾石、高岭石、叶蜡石、黄铁矿、赤铁矿	隐晶—细粒结构，块状构造	似层状	中酸性喷出岩
动力变质	碎裂岩	绢云母、绿泥石	砂裂结构	沿断裂带发育	各类岩石
	糜棱岩	绢云母、绿泥石、方解石、叶蜡石、镜铁矿	糜棱结构、不明显的片麻状构造	沿断裂带发育	各类岩石

变质作用类型	变质岩	主要变质矿物	结构、构造	产状及其他	可能原岩
区域变质	板岩	绢云母、绿泥石	隐晶质结构、变余泥质结构、变余粉砂质结构，块状构造	板岩、千枚岩、片岩，一般为层状产出，片麻岩则除了呈层状外，有的还保留原火成岩侵入体的轮廓（片岩也是这样）。板岩—千枚岩—片岩—片麻岩一般反映变质程度愈来愈深	泥质岩、粉砂岩
	千枚岩	绢云母、绿泥石	变余泥质结构、变余粉砂质结构，千枚状构造		泥质岩、粉砂岩
	片岩	白云母、黑云母、绿泥石、角闪石、滑石为主（石英＋长石）＜50％	鳞片变晶结构、纤维变晶结构，片状构造		长石砂岩、中酸性火成岩
	片麻岩	长石、石英为主，片状矿物有黑云母、白云母等，柱状矿物角闪石等	鳞片（纤维）粒状变晶结构、片麻状构造		长石砂岩、中酸性火成岩
	大理岩	方解石、白云石为主（有时可见蛇纹石，透闪石、透辉石）	粒状变晶结构，块状构造	层状	碳酸盐类岩石
	石英岩	石英为主（少量长石、云母、石榴子石等）	粒状变晶结构，块状构造		石英砂岩、其他硅质岩石
	绿色片岩	绿泥石、绿帘石、阳起石、角闪石为主（少量为石英、云母）	鳞片变晶结构、纤维变晶结构，片状构造	层状产出或保留原火成岩侵入体的轮廓	中基性火成岩
	斜长角闪岩	斜长石、角闪石	纤维粒状变晶结构、片状构造、片麻状构造或块状构造		基性火成岩及富铁的白云质泥灰岩
混合岩化	蛇纹石片岩、滑石片岩	蛇纹石、滑石	鳞片变晶结构、纤维变晶结构	层状产出或保留原火成岩侵入体的轮廓	超基性火成岩、富铁镁的沉积岩
	条带状混合岩	基体为各种片岩、片麻岩、脉体为长英质	条带状构造	经常和区域变质岩伴生，呈层状或似层状产出	各种变质岩、片岩、片麻岩等
	眼球状混合岩	基体为各种变质岩，脉体为长石、石英长石集合体	眼球状构造	经常和区域变质岩伴生，呈层状或似层状产出	
	角砾状混合岩	基体为角闪岩、斜长角闪岩等，脉体为长英质	角砾状构造	分布不规则，有时呈层状、似层状、透镜状	角闪岩、斜长角闪岩
	肠状混合岩	基体为片岩、片麻岩、脉体为长英质	肠状构造	分布比较局限，产状不稳定	各种片岩、片麻岩、角闪岩等
	阴影状混合岩	基体很少，以脉体为主，成分为花岗质	阴影状构造、片麻状构造	分布不规则，常与其他类型混合岩呈渐变过渡关系	
	混合花岗岩	相当花岗岩成分	片麻状构造、阴影状构造、块状构造	分布在混合岩化的中心地带，与其他类型混合岩呈渐变关系	

注：附录一各表均据卢选元等《地质调查基础知识》1987。

附录二 常用地质符号、代号及岩石花纹

一、年代地层单位符号

(一) 宇的代号
太古宇 AR

元古宇 PT

显生宇 PH

(二) 界的代号　　　　　亚界的代号

新生界 Kz

中生界 Mz

古生界 Pz　　　　上古生界 Pz_2

　　　　　　　　下古生界 Pz_1

元古界 Pt　　　　上元古界 Pt_3

　　　　　　　　中元古界 Pt_2

　　　　　　　　下元古界 Pt_1

太古界 Ar　　　　上太古界 Ar_2

　　　　　　　　下太古界 Ar_1

(三) 系的代号　　　亚系的代号　　　统的符号

第四系 Q　　　　　　　　　　全新统 Q_4 也可用 Qh^*

　　　　　　　　　　　　　　　　　　上更新统 Q_3

　　　　　　　　　　　　更新统 Q_P^* ｛中更新统 Q_2

　　　　　　　　　　　　　　　　　　下更新统 Q_1

第三系 R　　　上第三系 N ｛上新统 N_2

　　　　　　　　　　　　　｛中新统 N_1

　　　　　　　　　　　　　　渐新统 E_3

　　　　　　下第三系 E ｛始新统 E_2

　　　　　　　　　　　　　古新统 E_1

白垩系 K　　　　　　　　　上白垩统或白垩系上统 K_2

　　　　　　　　　　　　　下白垩统或白垩系下统 K_1

侏罗系 J　　　　　　　　　上侏罗统或侏罗系上统 J_3

　　　　　　　　　　　　　中侏罗统或侏罗系中统 J_2

　　　　　　　　　　　　　下侏罗统或侏罗系下统 J_1

三迭系 T　　　　　　　　　上三迭统或三迭系上统 T_3

　　　　　　　　　　　　　中三迭统或三迭系中统 T_2

　　　　　　　　　　　　　下三迭统或三迭系下统 T_1

二迭系 P　　　　　　　　　上二迭统或二迭系上统 P_2

　　　　　　　　　　　　　下二迭统或二迭系下统 P_1

石炭系 C	上石炭统或石炭系上统 C_3
	中石炭统或石炭系中统 C_2
	下石炭统或石炭系下统 C_1
泥盆系 D	上泥盆统或泥盆系上统 D_3
	中泥盆统或泥盆系中统 D_2
	下泥盆统或泥盆系下统 D_1
志留系 S	上志留统或志留系上统 S_3
	中志留统或志留系中统 S_2
	下志留统或志留系下统 S_1
奥陶系 O	上奥陶统或奥陶系上统 O_3
	中奥陶统或奥陶系中统 O_2
	下奥陶统或奥陶系下统 O_1
寒武系 $\in$	上寒武统或寒武系上统 $\in_3$
	中寒武统或寒武系中统 $\in_2$
	下寒武统或寒武系下统 $\in_1$
震旦系 Z	上震旦统或震旦系上统 Z_2
	下震旦统或震旦系下统 Z_1

（四）阶的代号

阶的代号是在统的代号后面加阶名汉语拼音头一个正体小写字母，如同一统内阶名第一个字母重复时，则时代较老的阶用一个字母，较新的阶在头一个字母之后再加最接近一个正体小写子音字母。例如：

上寒武统
凤山阶 $\in_3 f$
长山阶 $\in_3 c$
崮山阶 $\in_3 g$

中寒武统
张夏阶 $\in_2 z$
徐庄阶 $\in_2 x$

下寒武统
龙王庙阶 $\in_1 l$
沧浪铺阶 $\in_1 c$
筇竹寺阶 $\in_1 q$

前寒武系 $An\in$

前震旦系 AnZ

时代不明的变质岩 M

对于在时代上包括两个相邻而未划分清楚的统的代号用"–"号连接，如中、上侏罗统未划分清楚时，用 J_{2-3}。如相邻的统确已完全分开，因地质体太窄而合并时，则在两统代号之间用"+"号连接，如阳新统与乐平统合并时，用 P_{1+2}。如在时代上可能属于上统，也可能属于中统，则用斜线"/"表示，如 D_3/D_2 表示属于中泥盆统或上泥盆统。时代有疑问时用"?"表示，如 $\in_2$? 表示寒武系中统有疑问。

二、岩石地层单位符号

（一）群的代号

由纪或群所跨的两个纪的正体大写符号与群的地理名称斜体大写汉语拼音首字母并列组成。如类山关群——$\in OL$，清溪群——OQ。

（二）组的代号

由纪或组所跨的两个纪的正体大写符号右下角加单位地理名称斜体小写汉语拼音首字母组成；当同一纪内组的地理名称汉语拼音首字母相同时，则年轻的组成后命名的组需用地理名称的两个汉语拼音字母，如梁山组——Pl，龙潭组——Plt，擂鼓台组——DCl。

（三）段的代号

正式命名段的代号用纪或各跨的两个纪的正体大写符号右上角加单位地理名称正体小写汉语拼音首字母组成；当同一纪内段的地理名称汉语拼音首字母相同时，则年轻的段或后命名的段用地理名称的两个汉语拼音字母。如自流井组东岳庙段和大安寨段的代号分别为 J^d 和 J^{da} 等。

非正式段的代号右上角加正体小写顺序号 1，2，3 或 a，b，c 等组成。如栖霞组一、二段的代号为 $P_q{}^1$，$P_q{}^2$ 等。

（四）正式命名层的代号

用纪或层所跨的两个纪的正体大写符号右上角加单位地理名称斜体小写汉语拼音首字母组成。如观音桥层——O^g，格董关层——DC^g 等。

（五）其他非正式单位的代号

由单位地理名称的斜体小写汉语拼音首字母或单位岩石名称的斜体小写英文首字母，加单位形态英语斜体小写首字母构成。如孟关岩楔——mw，青岩岩舌——qt，角砾岩舌——bt 等。

组内局部标志层或特殊岩性则用岩石名称的斜体小写英文缩写字母为代号，如砂岩层——s，页岩层——sh，灰岩——ls 等。

三、第四纪堆积成因类型代号

冲积堆积	Q^{al}	沼泽堆积	Q^f
洪积堆积	Q^{pl}	湖沼堆积	Q^{lf}
洪冲积堆积	Q^{pal}	冰川堆积	Q^{gl}
残积堆积	Q^{el}	冰水堆积	Q^{fgl}
坡积堆积	Q^{dl}	火山堆积	Q^v
残坡积堆积	Q^{eld}	泥火山堆积	Q^{nb}
崩积堆积	Q^c	风积堆积	Q^{eol}
地滑堆积	Q^{del}	海积堆积	Q^m
湖积堆积	Q^l	洞穴堆积	Q^{cv}

海陆交互堆积	Q^{mc}	人工堆积	Q^s
生物堆积	Q^t 或 Q^o	成因不明堆积	Q^{pr}
化学堆积	Q^{ch}		

四、部分岩浆岩名称符号

(一) 侵入岩代号

橄榄岩	σ	花岗岩	γ
纯橄榄岩	Φ	花岗闪长岩	$\gamma\delta$
辉岩	ψ_t	黑云母花岗岩	$\gamma\beta$
角闪岩	ψo	碱性花岗岩	$\chi\gamma$
辉长岩	ν	花岗闪长斑岩	$\gamma\delta\pi$
斜长岩	$\nu\sigma$	花岗斑岩	$\gamma\pi$
伟晶岩	ρ	正长岩	ξ
闪长岩	δ	正长斑岩	$\xi\pi$
石英闪长岩	δo	二长岩	η
闪长玢岩等	$\delta\mu$	霞石正长岩	ϵ

(二) 喷发岩代号

苦橄岩	ω	珍珠岩	$\lambda\rho c$
金伯利岩	φ	浮岩	λ_f
玄武岩	β	粗面岩	τ
安山岩	α	响岩	ν
英安岩	ζ	集块岩	A
流纹岩	λ	火山角砾岩	B
石英斑岩	$\lambda o\pi$	凝灰岩	T
黑曜岩	λo	沉火山角砾岩	Bb
松脂岩	λc	沉凝灰岩	Bt

五、地层单位、岩浆岩色标

地质图上地层单位色标，采用全国统一色标。以系为基调，各统的色标，用系的色标以不同浓度或网纹区别，同一时代较老的统用深色，较新的统用浅色。阶、组、段的颜色按此类推。

第四系	淡黄色	泥盆系	深褐色
第三系	桔黄色	志留系	黄橄榄绿色
白垩系	黄绿色	奥陶系	暗蓝绿色

侏罗系	蓝 色	寒武系	灰橄榄绿色
三迭系	紫灰色	震旦系	淡橙黄色
二迭系	浅褐色	元古界	橙黄色
石炭系	灰 色	太古界	玫瑰色

各岩浆岩色标，按全国统一色标。侵入岩色标基本分为五类：

酸性岩	红 色	基性岩	绿色
中性岩	粉红色	超基性岩	紫色
碱性岩	橙红色		

同类岩石不同时代用深浅不同的颜色表示，时代愈老的用色愈深愈暗，时代较新的用色较浅较鲜。但如新的出露面积很小，而老的大片分布也可反之。过渡性岩石用两种颜色合并之过渡色表示。

喷出岩色标，除大片（或单独划分为一个地层单位）的玄武岩用深绿色外，其他一般与地层相同，并加上相应的岩石花纹和点线（红色或同地层时代之颜色）。

六、常用测试样品代号

以汉语拼音字的字头组合而成。

标本	B	构造标本	GB
定向标本	DB	岩心标本	YB
化石标本	HB	薄片	b
孢粉样	BF	次生晕样	C
分散流样	FS	光片	G
光谱全分析样	GP	古地磁测定样	GC
化学全分析样	H	人工重砂样	RZ
水样	S	水化学分析样	SH
水光谱分析样	SG	水系重砂样	SZ
土壤地化测量样	TR	同位素地质年龄测定样	TW
物性测定样	WX	文物石器标本样	WS
原生晕样（岩石光谱）	Y	岩石化学全分析样	YQ
岩组分析样	YZ	自然重砂样	Z

七、部分地质工程代号

地质观察点	D	水文观察点	S
地貌观察点	M	放射性测点	F
实测地质剖面	BP	剥土	BT
平硐	PD	小圆井	YJ
探槽	TC	老窿	LD
钻孔	ZK		

八、常用地质符号

(一)一般地质符号

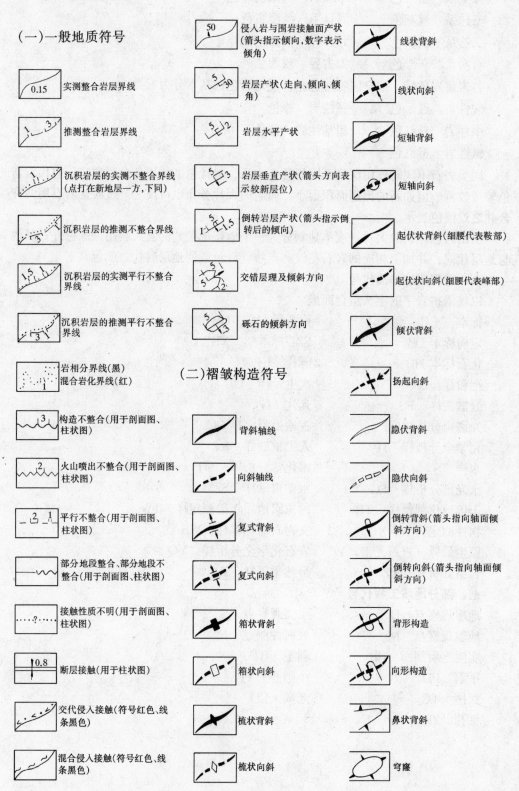

符号	说明
0.15	实测整合岩层界线
1 3	推测整合岩层界线
1	沉积岩层的实测不整合界线(点打在新地层一方,下同)
3	沉积岩层的推测不整合界线
1.5	沉积岩层的实测平行不整合界线
3	沉积岩层的推测平行不整合界线
1	岩相分界线(黑)混合岩化界线(红)
3	构造不整合(用于剖面图、柱状图)
2	火山喷出不整合(用于剖面图、柱状图)
2 1	平行不整合(用于剖面图、柱状图)
	部分地段整合、部分地段不整合(用于剖面图、柱状图)
?	接触性质不明(用于剖面图、柱状图)
0.8	断层接触(用于柱状图)
	交代侵入接触(符号红色、线条黑色)
	混合侵入接触(符号红色、线条黑色)

符号	说明
50	侵入岩与围岩接触面产状(箭头指示倾向,数字表示倾角)
5 30	岩层产状(走向、倾向、倾角)
5	岩层水平产状
5	岩层垂直产状(箭头方向表示较新层位)
5 1 1.5	倒转岩层产状(箭头指示倒转后的倾向)
5 1 2	交错层理及倾斜方向
5 3	砾石的倾斜方向

(二)褶皱构造符号

符号	说明
	背斜轴线
	向斜轴线
1	复式背斜
	复式向斜
	箱状背斜
	箱状向斜
	梳状背斜
	梳状向斜

符号	说明
	线状背斜
	线状向斜
	短轴背斜
	短轴向斜
	起伏状背斜(细腰代表鞍部)
	起伏状向斜(细腰代表峰部)
	倾伏背斜
	扬起向斜
	隐伏背斜
	隐伏向斜
	倒转背斜(箭头指向轴面倾斜方向)
	倒转向斜(箭头指向轴面倾斜方向)
	背形构造
	向形构造
	鼻状背斜
	穹窿

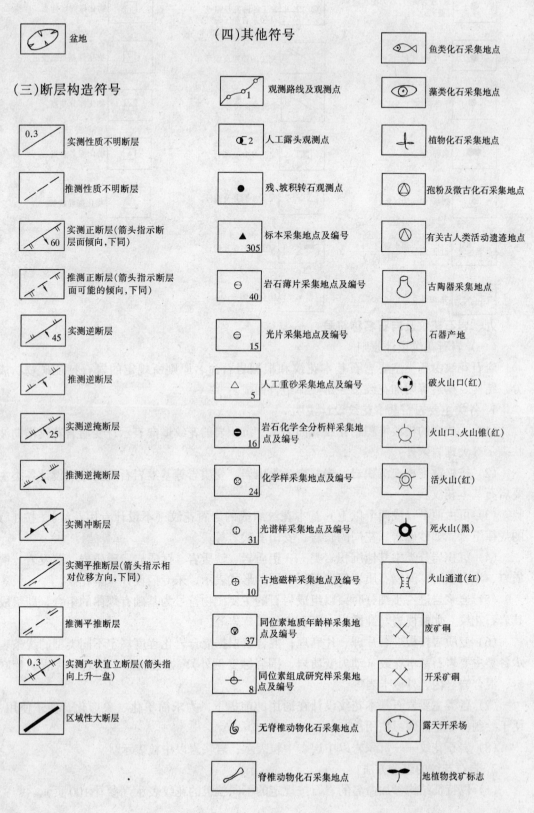

盆地

（三）断层构造符号

0.3 实测性质不明断层

推测性质不明断层

实测正断层（箭头指示断层面倾向，下同）

推测正断层（箭头指示断层面可能的倾向，下同）

45 实测逆断层

推测逆断层

25 实测逆掩断层

推测逆掩断层

实测冲断层

实测平推断层（箭头指示相对位移方向，下同）

推测平推断层

0.3 实测产状直立断层（箭头指向上升一盘）

区域性大断层

（四）其他符号

1 观测路线及观测点

2 人工露头观测点

残、坡积转石观测点

305 标本采集地点及编号

40 岩石薄片采集地点及编号

15 光片采集地点及编号

5 人工重砂采集地点及编号

16 岩石化学全分析样采集地点及编号

24 化学样采集地点及编号

31 光谱样采集地点及编号

10 古地磁样采集地点及编号

37 同位素地质年龄样采集地点及编号

8 同位素组成研究样采集地点及编号

无脊椎动物化石采集地点

脊椎动物化石采集地点

鱼类化石采集地点

藻类化石采集地点

植物化石采集地点

孢粉及微古化石采集地点

有关古人类活动遗迹地点

古陶器采集地点

石器产地

破火山口（红）

火山口、火山锥（红）

活火山（红）

死火山（黑）

火山通道（红）

废矿硐

开采矿硐

露天开采场

地植物找矿标志

95

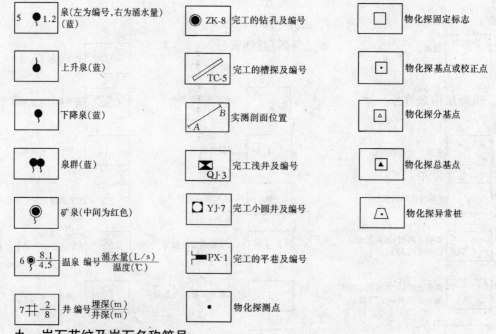

5 ● 1.2	泉(左为编号,右为涌水量)(蓝)	◉ ZK-8	完工的钻孔及编号	□	物化探固定标志
●	上升泉(蓝)	⊘ TC-5	完工的槽探及编号	⊡	物化探基点或校正点
●	下降泉(蓝)	A⟍B	实测剖面位置	△	物化探分基点
●●	泉群(蓝)	⊠ QJ-3	完工浅井及编号	▲	物化探总基点
◉	矿泉(中间为红色)	▢ YJ-7	完工小圆井及编号	▵	物化探异常桩
6 ⟩ 8.1/4.5	温泉 编号 涌水量(L/s) 温度(℃)	▬ PX-1	完工的平巷及编号		
7 井 2/8	井 编号 埋深(m) 井深(m)	●	物化探测点		

九、岩石花纹及岩石名称符号

(一)岩石花纹设计原则

岩石花纹由各类主要岩石基本花纹和根据岩石命名原则所规定的岩石特征矿物、成分、结构、构造等附加花纹按一定规律组合而成。

1. 各类主要岩石基本花纹设计说明

（1）未成岩的松散堆积物花纹纵向表示；沉积岩的花纹横向表示；变质岩花纹横向波状表示（大理岩例外）。

（2）按松散堆积、沉积岩、岩浆岩、火山岩、变质岩等基本岩石类型分别设计各类主要岩石基本花纹。

（3）可由两个（或两个以上）基本花纹组成的岩石花纹（不设计专用花纹），按1:1的规律组合。如砂砾岩、花岗闪长岩、安山玄武岩等。

（4）沉积岩分类中其他沉积岩类——铝质岩、铁质岩、锰质岩、磷质岩、蒸发岩、铜质岩、沸石质岩、海绿石质岩等按沉积矿层的形式表示，未专门设计基本花纹。

（5）岩浆岩进一步细分时，以组成岩石的主要矿物符号为基础有规律的组合，即组成其岩石花纹。如橄榄岩与纯橄岩，辉石岩与二辉岩等。

（6）变质岩按板理、片理、片麻理；混合岩根据混合岩化程度规定不同类型的线条表示各类主要岩石基本花纹（动力变质岩、围岩蚀变例外），如板岩、千枚岩、片岩、片麻岩、混合岩、内、外矽卡岩等。

（7）各类主要岩石基本花纹设计在通用的前提下，力求简单化、象形化，便于使用，便于绘制，尽量照顾习惯用法。

（8）岩石花纹——沉积岩以中层、中粒表示；岩浆岩以中粒表示。

2. 岩石花纹的组合方法

（1）以特征结构参加命名的岩石按规定的不同粒级的花纹表示（参看100页）。

（2）以特殊构造参加命名的岩石、构造附加花纹与基本花纹按 1:1 的比例组合。（混合岩例外，依构造附加花纹与矿物附加花纹之比为 1:1）

例如：

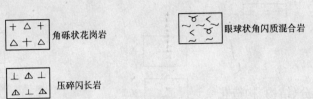

（3）以特征碎屑成分、矿物成分参加命名的岩石

1）按其在岩石中的含有程度，附加花纹与基本花纹比例规定如下：（变质岩中指矿物附加花纹之间的比例）

含	附加花纹稀疏表示
×质	1:2
主　要	1:1

例如：

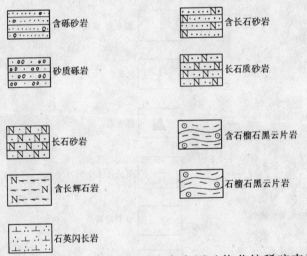

2）含有用矿物、元素的岩石，在基本花纹中有用矿物花纹稀疏表示，沉积岩中稀疏有用元素代号表示。

例如：

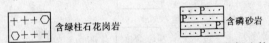

3）两种以上碎屑成分或矿物成分的岩石花纹，以各碎屑或矿物花纹与两个基本花纹相间排列表示。

例如：

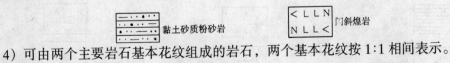

4）可由两个主要岩石基本花纹组成的岩石，两个基本花纹按 1:1 相间表示。

例如：

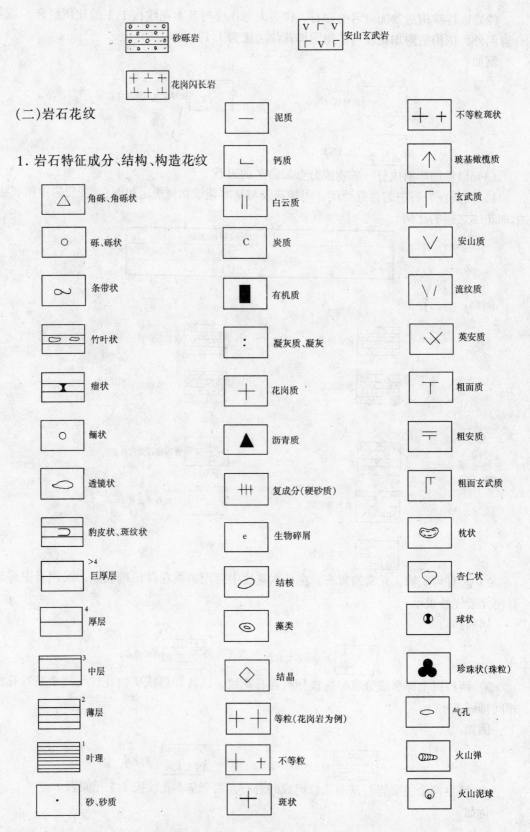

砂砾岩

安山玄武岩

花岗闪长岩

(二)岩石花纹

1. 岩石特征成分、结构、构造花纹

角砾、角砾状	泥质	不等粒斑状
砾、砾状	钙质	玻基橄榄质
条带状	白云质	玄武质
竹叶状	炭质	安山质
瘤状	有机质	流纹质
鲕状	凝灰质、凝灰	英安质
透镜状	花岗质	粗面质
豹皮状、斑纹状	沥青质	粗安质
巨厚层	复成分(硬砂质)	粗面玄武质
厚层	生物碎屑	枕状
中层	结核	杏仁状
薄层	藻类	球状
叶理	结晶	珍珠状(珠粒)
砂、砂质	等粒(花岗岩为例)	气孔
	不等粒	火山弹
	斑状	火山泥球

98

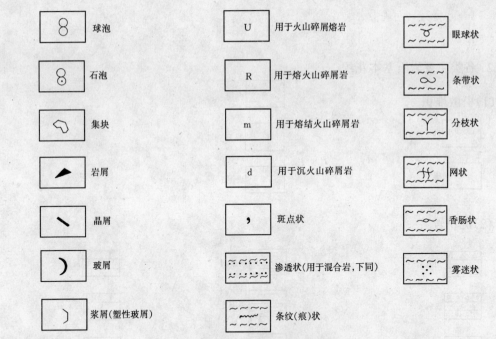

	球泡		U	用于火山碎屑熔岩		眼球状
	石泡		R	用于熔火山碎屑岩		条带状
	集块		m	用于熔结火山碎屑岩		分枝状
	岩屑		d	用于沉火山碎屑岩		网状
	晶屑		，	斑点状		香肠状
	玻屑			渗透状(用于混合岩,下同)		雾迷状
	浆屑(塑性玻屑)			条纹(痕)状		

岩石碎屑及有关粒级花纹规格表

岩石粒级花纹规格(mm)	火山碎屑岩		正常沉积碎屑岩				矽卡岩		糜棱岩		岩浆岩		石岩粒级花纹规格(mm)
	粒级	花纹	粒级	花纹	粒级	花纹	粒级	花纹	粒级	花纹	粒级	花纹	
4.0	粗集块	⬠											
2.0			巨角砾	△	巨砾	○					巨粒	十	6-8
1.6	细集块 / 粗火山角砾	◇ / △	粗角砾	△	粗砾	○	粗粒	⊙			粗粒	十	6
1.2	中角砾	△	中角砾	△	中砾	○	中粒	⊙			中粒	十	4
1.0	细火山角砾	△	细角砾	△	细砾	○	细粒	⊙			细粒	十	2
0.8	粗凝灰	·			粗砂	·			粗	·	粗斑	十0.8	6×3
0.6					中砂	·					中斑	十0.6	4×2
0.4	细凝灰	·			细砂	·			细	·	细斑	十0.4	2×1
0.25					粉砂	·							

注：1. 矽卡岩粒级花纹以石榴石为例,岩浆岩粒级花纹以花岗岩为例。

2. 岩浆岩粒级花纹规格可根据岩石出露面积的大小作适当调整。

2．各类主要岩石基本花纹

(1)松散堆积

砂

砾

角砾

黏土

S S S 淤泥

(2)沉积岩

角砾岩

砾岩

砂岩

粉砂岩

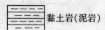页岩

黏土岩(泥岩)

灰岩

白云岩

硅质岩

(3)岩浆岩

橄榄岩

辉石岩

角闪石岩

辉长岩

斜长岩

闪长岩

花岗岩

二长岩

正长岩

碳酸岩

辉绿岩

煌斑岩

玢岩

苦橄岩

玄武岩

安山岩

流纹岩

霏细岩

粗面岩

粗安岩

响岩

角斑岩

集块岩

火山角砾岩

凝灰岩

100

(4)变质岩

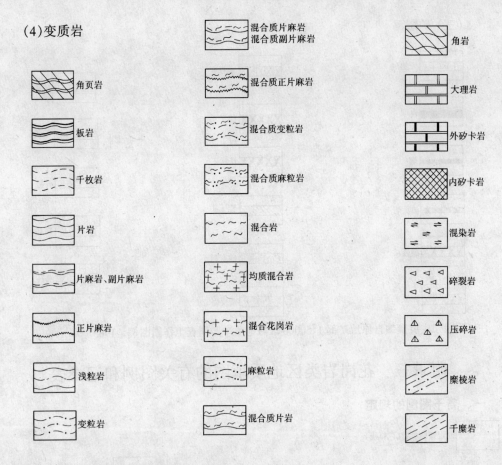

角页岩 板岩 千枚岩 片岩 片麻岩、副片麻岩 正片麻岩 浅粒岩 变粒岩

混合质片麻岩 混合质副片麻岩 混合质正片麻岩 混合质变粒岩 混合质麻粒岩 混合岩 均质混合岩 混合花岗岩 麻粒岩 混合质片岩

角岩 大理岩 外矽卡岩 内矽卡岩 混染岩 碎裂岩 压碎岩 糜棱岩 千糜岩

十、矿石花纹及矿体矿层表示方法

(一) 矿石花纹

块状矿石用方格花纹，并注明有用矿物或元素符号；浸染状、细脉浸染状矿石，在原岩花纹上加红色点或点与细脉，并注明有用矿物或元素符号。

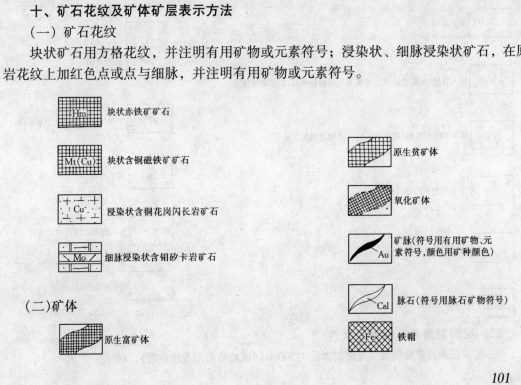

块状赤铁矿矿石 Hm

块状含铜磁铁矿矿石 Mt(Cu)

浸染状含铜花岗闪长岩矿石 Cu

细脉浸染状含钼矽卡岩矿石 Mo

原生贫矿体

氧化矿体

矿脉(符号用有用矿物、元素符号，颜色用矿种颜色) Au

脉石(符号用脉石矿物符号) Cal

铁帽 Fe

(二)矿体

原生富矿体

101

（三）矿层

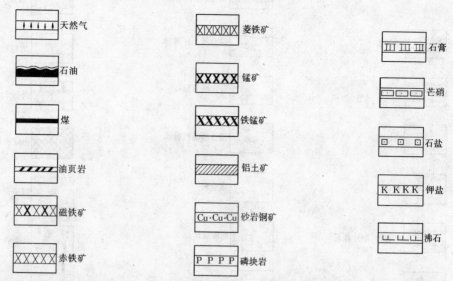

注：附录二主要摘编自原地矿部 1:50000 区域地质矿产调查工作图图例，1983。

附录三　花岗岩类区地质填图的有关图例和记录表

一、若干图例的规定

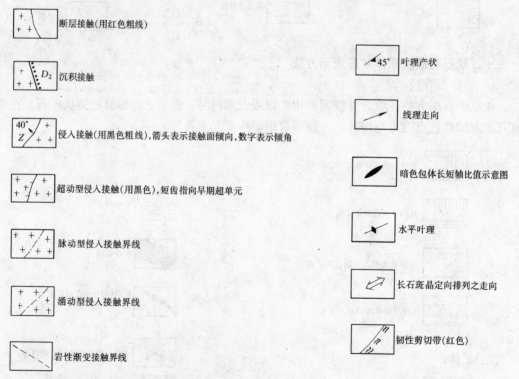

二、花岗岩类单元综合记录表

注：附录三据高秉章等著《花岗岩类区 1:50000 区域地质填图方法指南》，1991。

地质点号：

岩石类型：

鉴定特征：

位置：

花岗岩类单元：

结构和颗粒大小	原生结构　改造结构　碎裂结构　两期结构　初生结构　微花岗结构								
	粗粒、中粒、细粒　斑状构造　不等粒结构　等粒结构								
			产　出　方　式						
			两个世代矿物团块						

镁铁质矿物

镁铁质矿物	(%)	粒径(mm)				颜色	定向排列	自形程度	晶　形	颜色及其与其他矿物关系
		变化范围	平均	单个晶体	晶体聚合体					
普通角闪石									针状、长柱状、短柱状、等轴状	
黑云母									桶状、书页状、鳞片状、片状	
白云母									书页状、鳞片状、书状	

长英质矿物

长英质矿物	(%)	粒径(mm)		颜色	定向排列	自形程度	包裹体	晶形及其与其他矿物关系
		变化范围	平均					
巨晶								
钾长石								
斜长石								
石　英								
基　质								
钾长石								
斜长石								

石英	单个晶体	
	晶体聚合体	

副矿物　电气石、榍石等

叶理及定向构造：　　有　　无　　发育情况　强　中等　弱　　产状：倾向、倾角及走向

磁化率：　辐射仪读数　同　源　　异　源

捕房体及包体	百分含量	镁铁质：　有　无	巨　晶：有　无
	岩性：	形态：棱角状、圆形、椭圆状、透镜状、扁平状	产状：倾向、倾角及走向

岩墙及岩脉：　岩性：　　宽度：

评述：

主要参考文献

1. 卢选元，俞允本，梅才湘编. 地质调查基础知识. 北京：地质出版社，1987

2. 周维屏，陈克强，简人初，田玉莹等编著. 1：50000 区调地质填图新方法. 武汉：中国地质大学出版社，1993

3. 魏家庸，卢重明等著. 沉积岩区 1：50000 区域地质填图方法指南. 武汉：中国地质大学出版社，1991

4. 高秉璋，洪大卫等著. 花岗岩类区 1：50000 区域地质填图方法指南. 武汉：中国地质大学出版社，1991

5. 房立民，杨振升等著. 变质岩区 1：50000 区域地质填图方法指南. 武汉：中国地质大学出版社，1991

6. 地质矿产部. 区域地质矿产调查工作图式图例（1：50000）. 北京：地质出版社，1983

7. 潘清霏主编. 福建省综合地质图例. 福州：福建省地质局，1981